DAS GROSSE BUCH FÜR WELTRETTER

Die Welt verstehen –
und verändern

Herausgegeben von Martin Verg

EDEL
KIDS BOOKS

INHALT

Vorwort ... 6

Kapitel 1 : KLIMA ... 8

Einleitung: Alle Wetter, dieses Klima! ... 10

Infografik: Der Treibhauseffekt ... 12

Alexander Gerst: Grüße aus dem Weltall ... 14

»Fridays for Future« – Was ist das eigentlich? ... 16

Greta Thunberg: Meine Generation wird nicht kampflos aufgeben! ... 18

Franziska Wessel: Der Ponyhof muss warten ... 20

»Scientists for Future«: Die müssen es wissen! ... 22

Maja Göpel: Das einzige, was wir jetzt falsch machen können, ist, zu klein denken! ... 24

Wer engagiert sich noch? ... 26

Was könnt ihr tun? ... 28

Kapitel 2: ENERGIE ... 30

Einleitung: Mit Energie in die Zukunft! ... 32

Infografik: Wohin fließt die ganze Energie? ...

Volker Quaschning: Wir können das Haus retten! ... 36

Irina Wellige: Strampeln, damit die Filme laufen ... 38

Eric Mayer: Und plötzlich bin ich »Energie-Bewahrer« ... 40

Tilman Santarius: Ein grüner Weg ins digitale Übermorgen ... 42

Wer Energie spart, kann sich was leisten! ... 44

Wer engagiert sich noch? ... 46

Was könnt ihr tun? ... 48

Kapitel 3: NATUR 50

Einleitung: Wir und sie 52

Infografik: Wildnis war einmal 54

Artenschutz oder Tierquälerei? 56

Fiese Nützlinge, nützliche Fieslinge 58

Von Rückkehrerinnen und Newcomern 60

Lélia Wanick Salgado und Sebastião Salgado:
Die Hoffnung unseres Planeten liegt in den Kindern 62

Mehr fürs Meer! 68

Robert Habeck: Trocken bleiben! 70

Wer engagiert sich noch? 72

Was könnt ihr tun? 74

Kapitel 4: ERNÄHRUNG 76

Einleitung: Alles zu seiner Zeit 78

Infografik: Wie viel Wasser steckt im Essen? 80

Martin Häusling: Da summt, brummt und zwitschert es richtig! 82

Information: Vielfalt hilft 84

Bananen auf Augenhöhe 86

Information: Trends und Schätze 88

Sarah Wiener: Was für eine Verschwendung! 90

Sarah Wiener: Reste-Rezepte 92

Andrea Paluch: Vegane Ernährung ist eine politische Handlung 94

Benjamin Adrion: Es macht einfach Spaß! 96

Wer engagiert sich noch? 100

Was könnt ihr tun? 102

Kapitel 5: MÜLL 104
Einleitung: Was für ein Müll! 106
Infografik: Problemfall Plastikmüll 108
Wie brasilianischer Wald in deutschen Klos landet 110
Shia Su: Nachhaltig in der Schule unterwegs 112
Wunderstoff mit Tücken 114
Boyan Slat und die Plastikflut im Meer 116
Luisa Brummer:
Schon mein Uropa hat verpackungsfreie Lebensmittel verkauft 118
Kauft ihr noch – oder repariert ihr schon? 122
Wer engagiert sich noch? 124
Was könnt ihr tun? 126

Kapitel 6: MOBILITÄT 128
Einleitung: Bewegen, aber richtig! 130
Infografik: Klimafreundlich unterwegs? 132
Heinrich Strößenreuther: Rebellion auf der Straße? 134
Tobias Krell:
Ich habe den Gletschern beim Schmelzen zugesehen 138
Reisen, aber richtig 140

Was uns morgen bewegt 142
Wer engagiert sich noch? 146
Was könnt ihr tun? 148

Kapitel 7: MENSCH 150
Einleitung: Übernehmt Verantwortung! 152
Infografik: Auf der Flucht 154
Carola Rackete: Handeln statt Hoffen! 156
Annette Krüger: Jede soll Radfahren können! 160
Bruder Michael Wies: Draußen leben ist nicht romantisch! 162
Die UN-Kinderrechtskonvention 164
Christian Schneider: Mit Kindern wird die Welt für alle besser 166
Wer engagiert sich noch? 168
Was könnt ihr tun? 170

Zum Schluss 172
Impressum 174
Bildnachweis 175
Quellenverzeichnis 176

VORWORT

BEVOR ES LOSGEHT

»ICH BIN ÜBERZEUGT, dass die Hoffnung unseres Planeten in den Kindern liegt. Sie können für uns alle Vorbilder sein«, sagt der weltbekannte Fotograf Sebastião Salgado im Interview ab Seite 62. Und ich denke, er hat recht. Ihr seid die wahren und wahrscheinlich wichtigsten Weltretter. Außerdem: Einen besseren Grund für das Buch, das ihr gerade in den Händen haltet, kann es folglich gar nicht geben! Denn es nimmt euch auf den nächsten rund 170 Seiten mit auf eine ebenso aufregende wie anregende Reise im Dienste dieser Mission. Ihr werdet unterschiedlichste Menschen kennenlernen: die Köchin und den Politiker, den Fußballer, die Kapitänin und den Astronauten, jede Menge Wissenschaftler und Expertinnen, berühmte und weniger bekannte Leute – die alle etwas eint. Sie wollen, jede und jeder in seinem Bereich und auf seine Art und Weise, die Welt ein kleines Stückchen besser machen.

BÜCHER, DIE SICH MIT DEM ZUSTAND unserer Erde befassen, gibt es viele. Aber ich glaube, keines ist wie dieses. Warum? Hier geht es zwar um den Klimawandel, aber nicht nur. Auch um Naturschutz, aber nicht nur. Um Menschenrechte, Energiewende, die Mobilität der Zukunft: auch, auch, auch. Aber nicht nur! Dieses Buch will nämlich zeigen, dass und wie alles mit allem zusammenhängt. Dass Ursachen am einen Ort an anderer Stelle Folgen haben können. Manchmal auch unerwartete: Dass ganz plötzlich viele Menschen ihr Alltagsverhalten in Sachen Konsum und Mobilität überdenken, weil die Coronakrise sie dazu gezwungen hat? Wäre kaum vorstellbar ge-

wesen, ehe das Virus mit vielen unserer Gewissheiten aufräumte.

Dieses Buch möchte die Augen öffnen für einen neuen Blick, einen Rundumblick. Gegliedert ist das Ganze in sieben Kapitel, darin findet ihr:

· inspirierende Interviews
· spannende Gastbeiträge von Leuten, die sich auskennen und etwas zu sagen haben
· eindrückliche Infografiken
· kluge Informationen voller Fachwissen und wichtiger Fakten.

Manche Elemente kehren regelmäßig wieder. »Was könnt ihr tun?« ist zum Beispiel eine Sammlung von Anregungen für alle, die selbst aktiv werden wollen. Sei es auf der nächsten Fahrraddemo, als Spendensammler oder beim Naturschutzprojekt im Stadtwald.

KLAR, DAS IST IMMER nur eine Auswahl, ein Angebot. Natürlich genügen die folgenden gut 170 Seiten nicht für ein allumfassendes Werk, das auch noch die letzte Detailfrage klärt, dem Expertenwissen bis in den hintersten Winkel folgt. Dieses Buch eröffnet, wie gesagt, den Rundumblick. Ganz bewusst mit Mut zur ein oder anderen Lücke. Aber immer mit dem Ziel aufzuklären, Mut zu machen, auf Ideen zu bringen.

Und es ist auch eine Einladung zum Querlesen. Das Buch ist bewusst so angelegt, dass ihr nicht auf der nächsten Seite weitermachen müsst. Blättert los, vor und zurück, haltet hier inne, steigt dort ein. Lasst euch anregen – und lasst euch von mir jetzt nicht länger aufhalten ...

Martin Verg

»Die Fakten sind klar, aber sie sind immer noch zu unangenehm, als dass ihr sie ansprechen möchtet. Ihr lasst es einfach, weil ihr denkt, es ist zu deprimierend und die Leute werden aufgeben. Aber die Menschen werden nicht aufgeben!«

GRETA THUNBERG

KAPITEL 1

KLIMA

EINLEITUNG

ALLE WETTER, DIESES KLIMA!

Wie sich Wetter und Klima unterscheiden und warum wir uns über einen sonnigen Tag freuen dürfen, zu viele davon aber fürchten sollten.

KLIMA UND WETTER HÄNGEN zusammen, sind aber nicht dasselbe. Das Wetter kann jeden Tag anders sein und uns manchmal ganz schön überraschen. Etwa wenn ihr bei strahlendem Sonnenschein nichtsahnend das Haus verlasst – und wenig später von einem Gewitterregen durchweicht werdet. Klima dagegen erkennen wir erst, wenn wir das Wetter an einem bestimmten Ort über eine sehr lange Zeit betrachten. Typisch für das Klima hierzulande ist zum Beispiel, dass wir für gewöhnlich warme Sommer und kalte Winter haben. Oder dass Februar und April besonders trockene Monate sind. Wenn das in einem Jahr mal anders ausfällt, ist das nicht bemerkenswert. Wenn sich daran aber dauerhaft etwas ändert, heißt das Klimawandel.

Solche Veränderungen gab es in der Geschichte der Erde immer wieder, sie fanden über sehr lange Zeiträume statt. Jahrhunderte, manchmal Jahrtausende. Seit einigen Jahrzehnten geht es allerdings ziemlich schnell und vor allem in eine einzige Richtung: Die Erde wird wärmer. Die Temperaturen, die bei uns zu einem typischen Sommer oder Winter gehören, steigen an.

SOLLTE UNS DAS NICHT FREUEN? Frieren will schließlich niemand. Doch während wir vielleicht weniger heizen müssen oder öfter mal ohne Jacke rausgehen, tut sich die Natur mit diesen Veränderungen schwer. So verdampft durch die Hitze zum Beispiel mehr Wasser. Flüsse und Seen trocknen aus, viele Pflanzen leiden darunter. Auch solche, auf die wir Menschen angewiesen sind, etwa Getreide, Gemüse oder Obst.

Und die Temperaturen steigen nicht nur bei uns, sondern überall auf der Welt – mit dramatischen Auswirkungen: Die Gletscher in Grönland oder der Antarktis schmelzen, ihr Wasser fließt in die Meere. Der Meeresspiegel steigt an und Küsten und Inseln können überschwemmt werden. Die Temperaturen steigen auch dort, wo es bereits

vorher warm war. Mancher Landstrich kann gar unbewohnbar werden. Die Menschen flüchten dann in Gegenden, in denen es sich besser leben lässt. Dort sind aber in der Regel schon andere Menschen. Und die wollen mitunter nicht, dass noch mehr dazu kommen. Probleme sind so programmiert!

WIE ABER KOMMT ES ZUM Klimawandel? Wir haben auf der Erde eigentlich ein tolles Klima. Das liegt unter anderem daran, dass unser Planet die Sonne im genau richtigen Abstand umrundet. Näher dran, und alles Leben würde verdampfen, weiter weg würden wir erfrieren. Außerdem gibt es eine Gashülle, die die Sonnenwärme daran hindert, die Erde wieder zu verlassen. Diese Atmosphäre wirkt, wie das Glas im Treibhaus, daher spricht man vom »Treibhauseffekt«: Die Atmosphäre lässt zwar das Licht, die Wärme aber nicht so gut durch. Deswegen bleibt viel davon auf der Erde und strahlt nicht direkt zurück ins Weltall.

Lange Zeit war die Zusammensetzung der Atmosphäre so, dass wir ein Klima auf der Erde hatten, in dem man größtenteils gut leben kann. Dann haben wir Menschen gelernt, wie man Kohle, Öl und Gas nutzen kann, um sich das Leben einfacher zu machen: Wir heizen unsere Häuser oder fahren Auto, betreiben in Fabriken riesige Maschinen, verfeuern diese sogenannten fossilen Energieträger, um Strom zu erzeugen. Sie heißen übrigens so, weil sie seit Jahrmillionen in der Erde lagern und einst aus abgestorbenen Tier- und Pflanzenresten entstanden. Dumm nur: Wenn wir sie verbrennen gelangt unter anderem jede Menge Kohlendioxid in die Atmosphäre, verändert deren Zusammensetzung und verstärkt so den Treibhauseffekt.

So lange sich daran nichts grundlegend ändert, wird es also im Treibhaus Erde immer heißer werden, das Leben an vielen Orten immer schwieriger. Also müssen wir handeln! Auf den folgenden Seiten erfahrt ihr, wie das aussehen könnte.

INFOGRAFIK

DER TREIBHAUSEFFEKT

Der Mensch bläst seit Jahrzehnten mehr Kohlendioxid, aber auch Methan, FCKW oder Stickstoffdioxid in die Luft. Diese Treibhausgase bilden in der Atmosphäre eine Schicht, die verhindert, dass überschüssige Sonnenenergie ins Weltall abgestrahlt wird. Daher wird es, wie in einem Treibhaus, immer wärmer auf der Erde – und das hat Folgen. Einige davon seht ihr hier, ebenso wie die hauptsächlichen Verursacher.

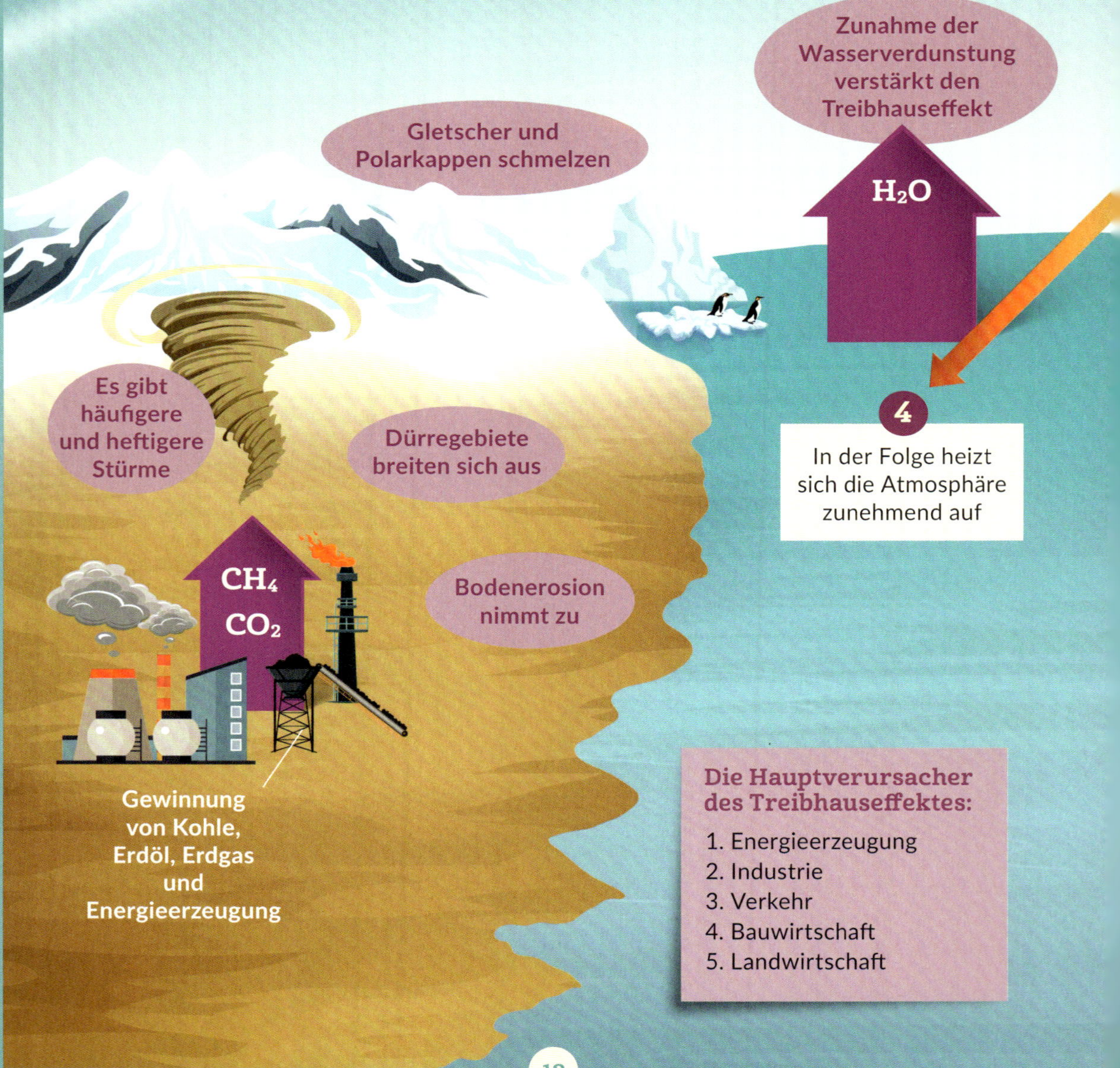

Die Hauptverursacher des Treibhauseffektes:

1. Energieerzeugung
2. Industrie
3. Verkehr
4. Bauwirtschaft
5. Landwirtschaft

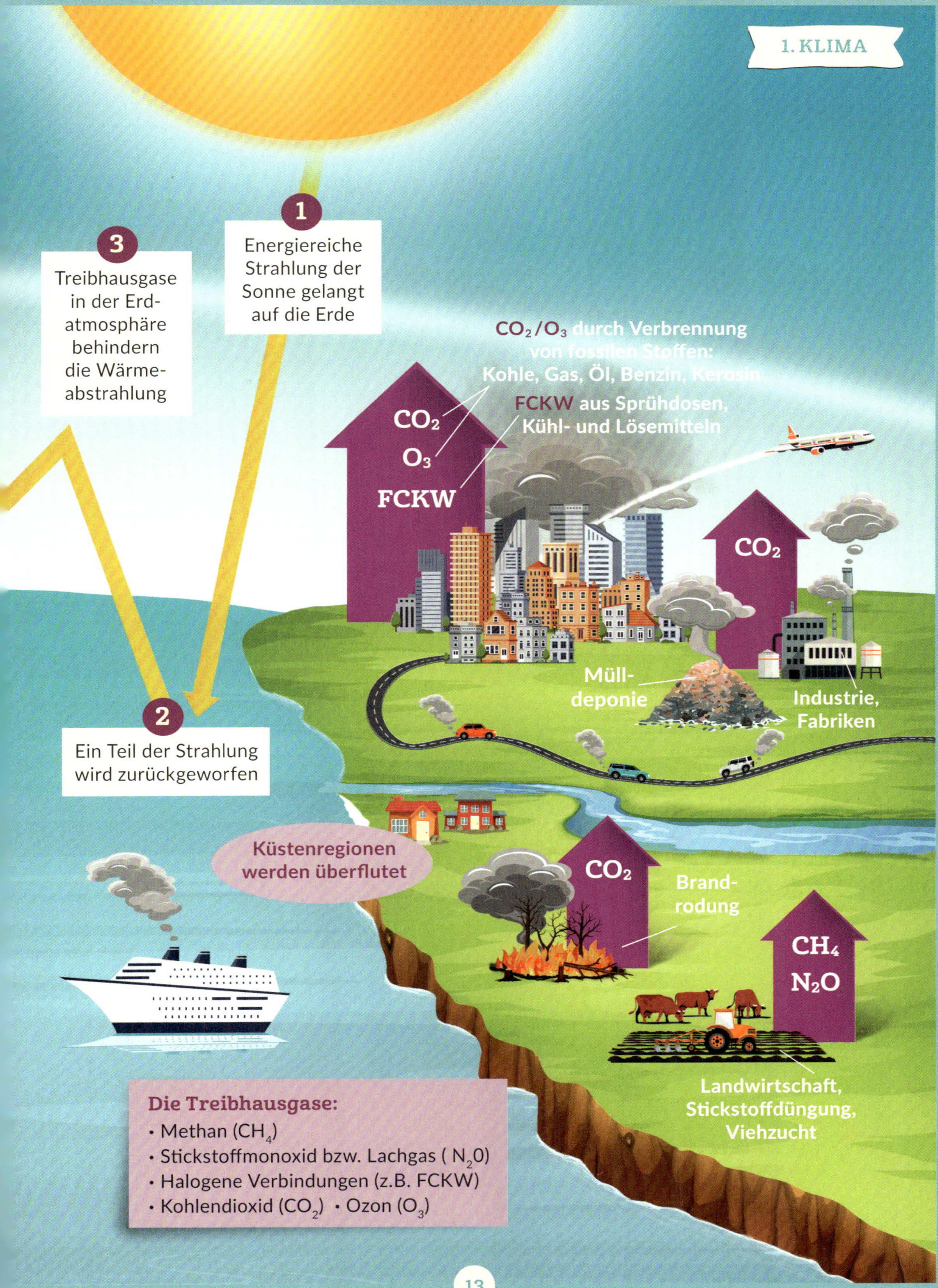

Die Treibhausgase:
- Methan (CH_4)
- Stickstoffmonoxid bzw. Lachgas (N_20)
- Halogene Verbindungen (z.B. FCKW)
- Kohlendioxid (CO_2) • Ozon (O_3)

ALEXANDER GERST

GRÜSSE AUS DEM WELTALL

Im Jahr 2018 lebte Alexander Gerst für einige Monate rund 400 Kilometer über der Erdoberfläche – auf der Internationalen Raumstation (ISS). Der ungewohnte Blick von dort oben auf unseren Blauen Planeten in seiner ganzen Schönheit aber auch seiner Verletzlichkeit brachte den Astronauten ins Grübeln. Seine Gedanken hielt er in einer Video-Botschaft fest.

LIEBE ENKELKINDER, ihr seid noch nicht auf der Welt, und ich weiß nicht, ob ich euch jemals treffen werde. Deswegen habe ich beschlossen, euch diese Nachricht hier aufzuzeichnen. Ich befinde mich gerade auf der Internationalen Raumstation (ISS) im Cupola-Aussichtsmodul und schaue auf euren wunderschönen Planeten runter. Und obwohl ich bis jetzt schon fast ein Jahr im All verbracht habe und an jedem einzelnen Tag runtergeschaut habe, kann ich mich einfach nicht daran sattsehen.

Ich weiß, es hört sich für euch vermutlich komisch an, aber zu der Zeit, als die ISS gebaut wurde und hier oben im Orbit war, konnte noch nicht jeder Mensch in den Weltraum reisen und die Erde von außen sehen. Vor mir waren es gerade mal um die 500 Menschen. Und im Moment leben da unten sieben Milliarden Menschen auf diesem Planeten – und nur drei einzelne davon sind im Weltraum.

UND WENN ICH SO AUF DEN Planeten runterschaue, dann denke ich, dass ich mich bei euch wohl leider entschuldigen muss. Im Moment sieht es so aus, als ob wir – meine Generation – euch den Planeten nicht gerade im besten Zustand hinterlassen werden. Im Nachhinein sagen natürlich immer viele Leute, sie hätten davon nichts gewusst. Aber in Wirklichkeit ist es uns Menschen schon sehr klar, dass wir den Planeten mit Kohlendioxid verpesten, dass wir das Klima zum Kippen bringen, dass wir Wälder roden, dass wir die Meere mit Müll verschmutzen, dass wir die limitierten Ressourcen viel zu schnell verbrauchen und dass wir zum Großteil sinnlose Kriege führen.

Jeder von uns muss sich da natürlich an die eigene Nase fassen und sich überlegen, wohin das gerade führt. Ich hoffe sehr für euch, dass wir noch die Kurve kriegen und ein paar Dinge ver-

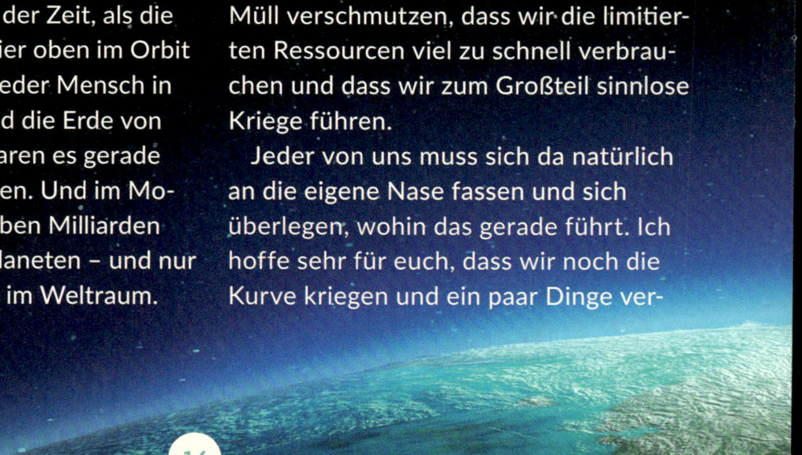

ALEXANDER GERST, geboren 1976, ist Doktor der Geowissenschaften. Spezialgebiet: Vulkane. Berühmt aber wurde er als Astronaut. Bereits 2014 flog Gerst das erste Mal zur Internationalen Raumstation (ISS), bei seiner zweiten Mission 2018 übernahm er sogar für drei Monate das Kommando an Bord der Station.

bessern können – und ich würde mir wünschen, dass wir nicht bei euch als die Generation in Erinnerung bleiben, die eure Lebensgrundlage egoistisch und rücksichtslos zerstört hat.

ICH BIN MIR SICHER, dass ihr die Dinge inzwischen sehr viel besser versteht als meine Generation. Und wer weiß, vielleicht lernen wir ja auch noch was dazu: dass ein Blick von außen immer hilft; dass dieses zerbrechliche Raumschiff Erde sehr viel kleiner ist, als die allermeisten Menschen sich das vorstellen können; wie zerbrechlich seine Biosphäre ist und wie limitiert seine Ressourcen; dass es sich lohnt, mit seinen Nachbarn gut auszukommen; dass Träume wertvoller sind als Geld und dass man ihnen eine Chance geben muss; dass Jungen und Mädchen Dinge genauso gut können – aber dass doch jeder von euch eine Sache hat, die er besser kann als alle anderen; dass die einfachen Erklärungen oft die falschen sind und dass die eigene Sichtweise eigentlich immer unvollständig ist; dass die Zukunft wichtiger ist als die Vergangenheit und dass man niemals ganz erwachsen werden soll; dass Gelegenheiten immer nur einmal kommen. Und dass man für Dinge, die es wert sind, auch mal ein Risiko eingehen muss. Dass ein Tag, an dem man was Neues entdeckt hat, über seinen Horizont hinausgeschaut hat, ein guter Tag ist!

Ich wünschte mir, ich könnte durch eure Augen in die Zukunft schauen, in eure Welt und wie ihr sie seht. Das geht leider nicht und deswegen ist das einzige, was mir bleibt: zu versuchen eure Zukunft möglich zu machen. Und zwar die Beste, die ich mir vorstellen kann.

Internationale Raumstation, Kommandant der Expedition 57, ESA-Astronaut Alexander Gerst, 25. November 2018, 400 km über der Erdoberfläche.

»FRIDAYS FOR FUTURE« – WAS IST DAS EIGENTLICH?

Vom einsamen Schulstreik zur weltweiten Bewegung

»WIR SIND HIER, WIR SIND LAUT, weil ihr uns die Zukunft klaut!« lautet einer der bekanntesten Sprüche von »Fridays For Future«. Die Bewegung engagiert sich mittlerweile auf der ganzen Welt für mehr Klimaschutz. Begonnen hat das Ganze aber mal ganz klein, im Sommer 2018 als »Schulstreik für das Klima« mit Greta Thunberg in Schweden (mehr zu Greta ab Seite 18). Inzwischen haben sich fast überall Schülerinnen und Studierende angeschlossen und streiken jeden Freitag, indem sie nicht zum Unterricht, sondern zu Protesten gehen oder Aktionen durchführen.

Bevor die Coronakrise im Frühjahr 2020 es erstmal unmöglich machte, zogen geschätzt an manchen Tagen weltweit bis zu sieben Millionen durch die Straßen. Das sind mehr Menschen, als zusammengenommen in Berlin, Hamburg und München leben! Allein in Deutschland demonstrierten etwa 1,4 Millionen. Dabei waren Kinder und Eltern, Wissenschaftler, Politiker, Künstler und viele andere mehr. Dennoch bleibt »Fridays for Future« im Kern eine Bewegung, die von jungen Leuten ausgeht. Das macht sie sehr besonders – und irgendwie zu einem Vorbild.

INZWISCHEN GIBT ES VIELE andere Gruppen, wie »Parents for Future«, »Artists for Future« oder »Scientists for Future« (dazu mehr ab Seite 22). Sie alle fordern im Kern dasselbe: dass weniger Treibhausgase, wie Kohlendioxid, ausgestoßen werden. Dass wir also, so schnell es geht, keine fossilen Brennstoffe wie Erdgas oder Erdöl mehr verbrennen und mehr erneuerbare Energien wie Wind- oder Sonnenenergie nutzen. Sie verlangen zudem, dass mehr Geld in Busse und Bahnen investiert wird und weniger in den Autoverkehr, weil viel Kohlendioxid im Verkehr, aber auch beim Bau der Autos, ausgestoßen wird. Kurzum, es geht darum, das Pariser Klimaabkommen von 2015 umzusetzen. Darin hatten sich fast alle Staaten der Erde verpflichtet,

alles zu tun, damit die weltweiten Temperaturen maximal noch um 1,5 Grad steigen. Leider halten sich viele Länder kaum an ihre eigenen Zusagen – obwohl 99 Prozent aller Experten weltweit bestätigen, dass andernfalls die Zukunft der Menschheit auf dem Spiel steht.

DOCH POLITIKER DENKEN oft kurzfristig, bis zur nächsten Wahl. Da »Fridays For Future« eine Bewegung von Kindern, Jugendlichen und jungen Erwachsenen ist, fordert die Bewegung daher das Recht, bereits ab 16 Jahren wählen zu dürfen. Weil es nämlich auch ungerecht ist, wenn Kinder unter den Entscheidungen von Erwachsenen leiden müssen – die im Zweifel lange tot sind, wenn die Folgen ihrer Entscheidungen auftreten.

Fotos: FooTToo / Positiv Berlin / Shutterstock.com

GRETA THUNBERG

MEINE GENERATION WIRD NICHT KAMPFLOS AUFGEBEN!

Eine Schülerin aus Schweden bringt eine weltweite Bewegung ins Rollen. Wie Greta Thunberg die Massen begeistert – und die Mächtigen beeindruckt.

GRETA THUNBERG KENNT inzwischen jedes Kind, durch ihren Einsatz für das Klima wurde sie weltberühmt. Sie erhielt viele Preise, wie den Alternativen Nobelpreis, und wurde von der US-amerikanischen Zeitschrift *Time Magazine* 2019 gar zur »Person des Jahres« gewählt. Es ist aber nicht nur so, dass jeder Mensch auf der Erde schon von ihr gehört hat. Dank Greta Thunberg ist inzwischen auch jeder gezwungen, über den Klimawandel nachzudenken, eine Meinung dazu zu entwickeln. Die Schülerin aus Schweden ist, obwohl Jahrgang 2003 und also noch ziemlich jung, wahrscheinlich die weltweit einflussreichste Person für den Wandel hin zu einer ökologischeren Gesellschaft.

WIE KAM ES DAZU? Greta Thunberg hat schon früh erkannt, dass es so nicht weitergehen kann. Dass sich grundlegende Dinge ändern müssen, wenn unser Planet eine Zukunft haben soll. Also fing sie zunächst bei sich selbst an. Schaltete das Licht aus, wenn niemand im Raum war, weigerte sich, in ein Flugzeug zu steigen und begann, sich vegan zu ernähren. Aber es wurde ihr schnell klar, dass das nicht reichen würde. Also begann sie, andere für ihre Mission zu gewinnen, etwa ihre Familie. Und dann? Dann ging das Mädchen den Schritt wei-

»Wir fordern, dass alle Unternehmen, Banken, Institutionen und Regierungen sofort alle Investitionen in fossile Brennstoffe stoppen. Aber wir wollen nicht, dass diese Dinge erst bis 2050, 2030 oder 2021 erledigt werden. Wir wollen, dass sie jetzt erledigt werden. Es scheint, dass wir viel verlangen. Und ihr werdet natürlich sagen, dass wir naiv sind. Dies ist jedoch nur der minimale Aufwand, der erforderlich ist, um eine schnelle und nachhaltige Transformation in Gang zu setzen. Entweder tut ihr das, oder ihr müsst euren Kindern erklären, warum ihr das 1,5-Grad-Ziel aufgegeben habt, ohne es überhaupt versucht zu haben.

Die Fakten sind klar, aber sie sind immer noch zu unangenehm, als dass ihr sie ansprechen möchtet. Ihr lasst es einfach, weil ihr denkt, es ist zu deprimierend und die Leute werden aufgeben. Aber die Menschen werden nicht aufgeben! Letzte Woche habe ich mich mit polnischen Bergleuten getroffen, die ihre Arbeit verloren haben, weil ihre Mine geschlossen wurde. Und selbst sie hatten nicht aufgegeben. Überall scheinen viele die Tatsache, dass wir uns ändern müssen, eher zu verstehen als ihr.«

Gekürzter Auszug aus Greta Thunbergs Rede an die Regierungschefs und Industriechefs auf dem Weltwirtschaftsforum in Davos 2020.

ter, den die meisten von uns vielleicht nicht gegangen wären: Im Frühjahr 2018 begann sie, sich täglich, später dann immer freitags, mit dem Schild »Skolstrejk för klimatet« – auf Deutsch: »Schulstreik für das Klima« – vor das schwedische Parlament in Stockholm zu setzen.

Und das machte Schule: Immer mehr Kinder und Jugendliche ahmten Greta nach. So entstand die weltweite Bewegung »Fridays for Future« (mehr dazu auf Seite 16–17). Greta wurde bekannter und bekannter, hielt ihre erste große Rede auf der UN-Klimakonferenz in Katowice 2018. Viele weitere folgten, zum Beispiel auf dem Weltwirtschaftsforum in Davos 2019 und 2020, wo sich jedes Jahr die wichtigsten Politiker und Wirtschaftsbosse treffen. Greta war unermüdlich unterwegs, natürlich immer ohne Flugzeug. Selbst den Atlantik überquerte sie im Segelboot.

INZWISCHEN IST ES ETWAS ruhiger um die junge Schwedin geworden. Die Coronakrise hat viele Reisen, ob mit Flugzeug oder ohne, unmöglich gemacht – und die Aufmerksamkeit der Menschen zumindest zwischenzeitlich auf andere Fragen gelenkt. Außerdem will Greta nun erst mal die Schule fertigmachen, wie eine ganz normale Jugendliche. Aber die ist sie natürlich nicht, sondern schon jetzt ein Vorbild für uns alle!

IM INTERVIEW:
FRANZISKA WESSEL

DER PONYHOF MUSS WARTEN

Franziska Wessel wurde von der zufälligen Demoteilnehmerin zu einer Organisatorin der »Fridays for Future« in Berlin. Das hat ihr Leben auf den Kopf gestellt, wie sie im Interview berichtet.

Wie bist du zu »Fridays for Future« gekommen?

Anfang 2019 bin ich zu meiner ersten Demo gegangen. Die war allerdings enttäuschend. Ich hatte keine Ahnung, wie man demonstriert – die Organisatoren dummerweise auch nicht: Die Boxen blieben stumm, es waren nicht besonders viele Leute da, es war kalt. Und erst nach einer halben Stunde kam jemand auf die Idee, ein paar Sprüche zu rufen. Doch die Sache ließ mich irgendwie nicht los. Am nächsten Tag landete ich in einer WhatsApp-Gruppe, von da an war ich dabei. Ich lernte schnell, über meinen Tellerrand zu blicken. Ich fing an, mich ernsthafter mit der Klimakrise zu beschäftigen, auch mit anderen politischen Fragen.

Du bist schnell zu einer der Organisatorinnen geworden. Wie sehr hat das dein Leben verändert?

Sehr! Bei meiner ersten Demo war ich 14 Jahre alt und interessierte mich quasi nur für Pferde. Ich war jeden Nachmittag auf dem Ponyhof. Dort traf ich meine Freunde, dort fühlte ich mich zu Hause. Das hat sich komplett gewandelt. Ich habe Freunde verloren, weil einfach keine Zeit mehr für sie war. Ich hatte das Gefühl, in Arbeit zu ertrinken und war zeitweise restlos überfordert. Ich bin morgens zur Schule gegangen, danach hatte ich immer ein, zwei Termine. Auf der Fahrt dorthin habe ich meist noch in eine Telefonkonferenz reingehört. Und dann ging es ins Plenum. Bis die Coronakrise begann, trafen wir uns regelmäßig im Plenum, besprachen, organisierten und planten Aktionen oder Kampagnen.

FRANZISKA WESSEL, geboren 2004, ist ein Hauptstadtkind. Sie kam in Brüssel zur Welt und wohnt heute in Berlin, wo sie auch zur Schule geht. Jedenfalls wenn ihr Engagement für »Fridays for Future« es zulässt.

Abends dann weitere Telefonkonferenzen, häufig bis zehn oder elf Uhr. Erst danach endlich Zeit, Mails zu beantworten, Hausaufgaben zu machen, Freunden zu schreiben. Aber ich will nicht jammern. Oft war und ist das alles spannend. Und ich habe durch »Fridays for Future« eine neue Familie gefunden. Allein dafür hat sich all die Mühe gelohnt.

Was macht dir Mut, dass wir den menschengemachten Klimawandel noch begrenzen können?

Zu sehen, wie weit diese Bewegung gekommen ist, wie viele Leute man erreicht hat, wieviel gesellschaftlich schon passiert ist. Es macht Hoffnung, an Erfolge zurückzudenken, an Wahlen, die zu Klimawahlen wurden, an eine Gesellschaft, die das »1,5-Grad-Ziel« kennt. Zu sehen, wie Millionen Menschen auf der Straße stehen und mit einem demonstrieren. Jeder kennt die Geschichte von dem 15-jährigen Mädchen, das sich vor das Parlament in Schweden setzt und damit eine weltweite Bewegung startet. Eine Geschichte die einen fast schon einschüchtert. Ich bin nicht Greta, nicht Leonardo DiCaprio oder eine sonstige Berühmtheit. Aber ich habe die Klimabewegung vorangebracht und Debatten angestoßen. Im privaten, im öffentlichen und im politischen Raum. Und genau das ist der Ort, an dem man uns braucht. »Fridays for Future« hätte es nie so weit geschafft, wären nicht immer neue Leute dazugekommen. Veränderungen beginnen im kleinen Rahmen. Sie beginnen damit, dass man statt auf den Ponyhof auf seine erste Demo geht, selbst wenn diese kalt, nervig und super unangenehm ist.

DIE MÜSSEN ES WISSEN!

Als »Scientists for Future« haben sich 27.000 Fachleute für das Klima und mit den Kindern der Freitagsdemos zusammengeschlossen.

ALS DIE KINDER und Jugendlichen mit ihren Klimastreiks begannen, schimpfte ein deutscher Politiker, dass die ja keine Ahnung hätten. Klimaschutz sei eine Sache für Profis. Wie als Antwort darauf unterschrieben fast zeitgleich 27.000 Wissenschaftlerinnen und Wissenschaftler eine Stellungnahme unter der Überschrift »Die Anliegen der demonstrierenden jungen Menschen sind berechtigt«. Die »Scientists for Future« (Wissenschaftlerinnen und Wissenschaftler für die Zukunft) waren damit gegründet – und über den Politiker und seinen missglückten Spruch machten sich viele lustig.

Die »Scientists for Future« sind Expertinnen und Experten aus unterschiedlichen Forschungsbereichen. Es gibt Klimaforscher und solche, die sich mit der Artenvielfalt beschäftigen, Wirtschaftswissenschaftler oder Soziologen. Sie engagieren sich, weil sie den Klimawandel und seine Folgen für das wichtigste und drängendste Menschheitsthema halten. Dazu veröffentlichen sie Beiträge, die auch für Laien verständlich sind. Sie halten besondere Vorlesungen, in denen sie über die verschiedenen Aspekte des Klimawandels sprechen. Vor allem aber unterstützen sie mit ihrem geballten Wissen die Forderungen der Kinder und Jugendlichen.

DIE »SCIENTISTS FOR FUTURE« HABEN dazu 24 wichtige Fakten veröffentlicht. Unter anderem steht dort:

- **Die Temperatur ist weltweit schon um 1 Grad angestiegen.**
- **Die Jahre 2015 bis 2018 waren die heißesten seit Beginn der Wetteraufzeichnungen.**
- **Die Temperaturen steigen wegen der Treibhausgase, die durch Menschen entstehen.**
- **Das Wetter wird schon in vielen Regionen extremer.**

Den Rest, sowie viele Grafiken und weitere Informationsquellen findet ihr auf der Internetseite **scientists4future.org**. Das Material dort eignet sich gut, um andere zu überzeugen!

IM INTERVIEW:
PROF. DR. MAJA GÖPEL

DAS EINZIGE, WAS WIR JETZT FALSCH MACHEN KÖNNEN, IST, ZU KLEIN DENKEN!

Maja Göpel gehört zu den bekanntesten Stimmen der »Scientists for Future«. Hier erklärt sie, warum sie den grundlegenden Wandel von Politik, Wirtschaft und Gesellschaft für nötig, vor allem aber für möglich hält.

Warum engagieren Sie sich bei den »Scientists for Future«?

Da gibt es viele Gründe. Einer ist, dass es natürlich eine tolle Chance ist, dass sich jetzt viele Menschen für Nachhaltigkeit interessieren. Und zwar Menschen, die das vorher nicht getan haben.

Interesse ist gut, aber glauben Sie nicht, dass die »Scientists for Future« mehr erreichen müssten?

Das tun wir ja auch! Wir klären nicht nur über die Zusammenhänge von Wetterveränderungen – zu heiße Sommer, zu milde Winter – mit unserer Art zu Wirtschaften auf, sondern auch ganz konkret darüber, was Einzelne tun können. Und gleichzeitig zeigen unsere Studien Wege, wie andere Technik, etwa im Bereich der erneuerbaren Energien, aber auch andere politische Anreize und Regeln oder unsere Lebensstilentscheidungen zusammenwirken können für nachhaltige Zukünfte.

Was muss sich denn ändern?

Unser Wirtschaftssystem hat die Probleme ja erst geschaffen und braucht dringend einen Umbau. Kurz gesagt ist es heute so, dass die Preise nicht die Wahrheit sagen darüber, wie viele Umweltschäden bei der Herstellung von Produkten angefallen sind. Daher kostet ein schädliches Produkt meist weniger als ein umweltfreundliches. Das muss sich umkehren. Außerdem brauchen wir einen Stopp der Umverteilung zu denjenigen, die eh viel Geld haben. Gerade werden die meisten Steuern auf menschliche Arbeit erhoben. Sie sollten vielmehr auf natürliche Ressourcen oder Müll, CO_2 und Plastik erhoben werden –

oder auf Finanzspekulationen, die ganze Volkswirtschaften manipulieren. Es sollte das teurer werden, was wir im Ausmaß reduzieren wollen. Wir reden von Umweltproblemen, dabei hat die Umwelt keine Probleme – wir sind es, die Schwierigkeiten bekommen werden.

Und bei diesen Veränderungen machen alle mit?

Warum nicht? Auch in der Wirtschaft haben viele erkannt, dass die größten Risiken am Ende im Verlust der Ökosysteme und ihrer verlässlichen Dienstleistungen für menschliches Leben liegen. Wenn die Politik die Leitplanken richtig setzt, dann wird es auch viel einfacher, Teil der nachhaltigen Lösungen zu werden. Und viele Menschen, die umdenken, treiben den Wandel voran!

MAJA GÖPEL, geboren 1976, ist Wirtschaftswissenschaftlerin und Expertin für Klimapolitik. Sie setzt sich für eine nachhaltigere Wirtschaft und gerechtere Verteilung der globalen Ressourcen ein. Göpel gehört zu den Gründungsmitgliedern der »Scientists for Future« und ist Beraterin der Bundesregierung.

WER ENGAGIERT SICH NOCH?

Klima und Klimawandel ist eine komplizierte Angelegenheit. Erst einmal muss man die wissenschaftlichen Zusammenhänge verstehen. Dann aber ist es auch wichtig, diese einer breiten Öffentlichkeit zugänglich zu machen – und Bündnisse zu schließen, um politisch wirksam werden zu können. Hier stellen wir euch ein paar Menschen und Organisationen, die beispielhaft dafür sind, vor.

SCHWIERIGES IN EINFACHEN WORTEN

MOJIB LATIF, Jahrgang 1954, ist Professor am Ozeanforschungszentrum in Kiel und hat so ziemlich jeden deutschen Umweltpreis erhalten, den es gibt. Latif forscht und berichtet über die Auswirkungen des Klimawandels auf unsere Meere. Vor allem aber erklärt der gebürtige Hamburger all das, was er herausfindet, so einmalig gut, dass er regelmäßig ins Fernsehen oder Radio eingeladen wird und am laufenden Band Vorträge hält – damit möglichst viele Menschen verstehen, vor welchen Herausforderungen wir stehen, und was wir tun können.

BILDER SPRECHEN LASSEN

SIR DAVID ATTENBOROUGH, Jahrgang 1926, produzierte schon naturwissenschaftliche Sendungen für das englische Fernsehen, da waren eure Großeltern noch Kinder! Berühmt wurde Attenborough vor allem durch seine Naturfilme. Inzwischen beschäftigt er sich vor allem damit, wie die Menschheit unseren Planeten verändert hat, vielfach leider zum Schlechten. Er sagt: »Falls wir nicht handeln, steht der Zusammenbruch unserer Zivilisationen und das Aussterben eines Großteils der natürlichen Welt bevor.«

SUPERSTAR MIT MISSION

LEONARDO DICAPRIO wurde 1974 in den USA geboren und schon mit Anfang 20 zum Superstar, als er die männliche Hauptrolle im Kinofilm »Titanic« spielte. Doch statt sich auf Ruhm und Reichtum auszuruhen, engagiert DiCaprio sich seit Jahren für den Umweltschutz. Etwa, indem er bei öffentlichen Auftritten unbequeme Umweltthemen anspricht – in der Hoffnung, dass dann viele zuhören, denn »diese Katastrophe ist nicht mehr durch den Einzelnen lösbar«, sagt DiCaprio, »es sind die Industrien und Regierungen dieser Welt, die jetzt in großem Maßstab handeln müssen!«

ZUSAMMENSTEHEN FÜR KLIMASCHUTZ

Das **KLIMABÜNDNIS DER STÄDTE** wurde schon 1990 in Frankfurt am Main gegründet. Also zu einer Zeit, als viele noch gar nichts vom Klimawandel wussten. In dem Bündnis arbeiten über 1.700 Städte, Dörfer, Provinzen und andere Organisationen aus ganz Europa vereint gegen den Klimawandel und suchen gemeinsame Lösungen. Es geht zum Beispiel darum, weniger Kohlendioxid auszustoßen und die für das Weltklima so wichtigen tropischen Urwälder zu erhalten. Etwa indem das Bündnis dafür sorgt, dass wir in Europa kein Tropenholz mehr verwenden. Vielleicht ist ja auch eure Kommune schon Mitglied? Findet es heraus unter **www.klimabuendnis.org**

FRIEREN FÜR DIE FORSCHUNG

Im September 2019 startete **MOSAIC**, die größte Polarexpedition aller Zeiten. Anders als frühere Arktisforscher, die vor allem die unbekannten Weiten rund um den Nordpol erkundeten, startete diese Mission mit einem anderen Zweck: Mehr als ein Jahr lang ließen sich Hunderte Wissenschaftler aus aller Welt an Bord des deutschen Forschungseisbrechers »Polarstern« durch das Eis der Arktis treiben, um dabei Erkenntnisse und Daten über den Einfluss des Klimawandels auf diese Region zu sammeln, wie es sie in dieser Menge noch nie gab. Daraus wollen die Forscher lernen, welche Folgen die Erwärmung des Planeten für diese davon besonders betroffene Region haben wird. Und welche Folgen daraus für die ganze Welt resultieren.

WAS KÖNNT IHR TUN?

Es gibt jede Menge kleine Dinge, die jede und jeder von uns zum Klimaschutz beitragen kann. Viele davon findet ihr an dieser Stelle in den folgenden Kapiteln. Um im Großen etwas zu bewegen, müssen andere aktiv werden. Regierungen zum Beispiel oder Unternehmen. Dass man diese beeindrucken kann, haben die Demonstrationen von »Fridays for Future« gezeigt. Aber … wie geht das eigentlich: eine Demo organisieren?

ORDENTLICH ANMELDEN

Demonstrationen müssen bei der Polizei angemeldet werden. Das kann aber nur tun, wer mindestens 18 Jahre alt ist. Seid ihr jünger, müsst ihr jemanden finden, der die Demonstration für euch anmeldet. Meist geht das schriftlich, telefonisch oder auch per E-Mail. Auf der Webseite der Polizei eures Bundeslandes findet ihr alle Informationen, manchmal gibt es sogar ein elektronisches Formular dafür. Tipp: Nehmt die Bestätigung der Anmeldung unbedingt zur Demonstration mit. Sobald ihr angemeldet seid, könnt ihr öffentlich für eure Demo werben.

GUT AUSSEHEN

Damit die Demo ein Erfolg wird, solltet Ihr Transparente oder Plakate malen, die gut lesbar und verständlich sind. Denkt daran, dass es regnen könnte, nutzt also wasserfeste Farbe. Und schneidet Löcher in besonders große Transparente, damit sie keinen zu großen Windwiderstand haben. Auch immer ein Hingucker: Wenn ihr euch verkleidet oder wenn ihr auffällige Gegenstände, etwa große Ballons oder Wagen, dabei habt – zur Not tun es auch Einkaufswagen.

DIE BOTSCHAFT STREUEN

Schreibt ein kurzes und verständliches Flugblatt, das ihr unterwegs an Passantinnen und Passanten verteilt und auf dem euer Anliegen kurz und knapp beschrieben wird. Wenn ihr Hilfe braucht: Auf der Internetseite von »Fridays for Future« findet ihr Material, das ihr herunterladen könnt. Statt die ganze Zeit von A nach B zu laufen, lohnt es sich auch, die Demonstration für eine Kundgebung zu unterbrechen. Dann können alle gut zuhören. Vielleicht gibt es ja auf eurer Route einen besonderen Ort: Geht es um Klimaschutz würde ein Kraftwerk inhaltlich dazu passen. Wenn ihr die Möglichkeit habt, könnt ihr Redebeiträge über ein Lautsprechersystem oder einfach per Megafon halten. Die sind günstig zu mieten.

ZUR RICHTIGEN ZEIT

Wenn ihr nicht regelmäßig demonstriert, gibt es vielleicht ein lokales oder globales Ereignis, an dem ihr eure Demo abhalten könnt. Beispielsweise Klimaverhandlungen, ein Hochwasser oder die nächste Bürgermeisterwahl. Das kann zusätzlich Aufmerksamkeit hervorrufen, zum Beispiel bei der Presse.

»Die Technologien, die wir heute haben, reichen aus, um die Energiewende zu schaffen. Es ist in etwa so, als ob ein Haus brennt und die Feuerwehr danebensteht und mit den Nachbarn plaudert. Das Feuer hat zwar schon etwas beschädigt, noch aber ist es gut zu löschen. Wir dürfen nur nicht länger plaudern.«

VOLKER QUASCHNING

KAPITEL 2

ENERGIE

EINLEITUNG

MIT ENERGIE IN DIE ZUKUNFT!

Ohne Energie würde unsere Welt stillstehen – im wahrsten Sinne des Wortes. Lest, wo wir überall Energie finden, woher sie stammt und warum wir damit haushalten müssen.

ENERGIE IST ÜBERALL. Sie ist in Schokolade gespeichert, lässt den Wind wehen oder die Suppe überkochen. Und sie lässt sich umwandeln: Ihr frühstückt Energie in Form von Brot oder Müsli und könnt danach lustig herumspringen und eure Körpertemperatur auf 37 Grad halten – was ja viel wärmer ist, als die 20 Grad, die in einer normal beheizten Wohnung herrschen.

Weil wir nicht alles selber machen möchten und können, nutzen wir auch Energie außerhalb unseres Körpers: Wir verbrennen Benzin in Automotoren, Kohle in Kraftwerken oder Gas in unseren Heizungen. Und weil wir immer mehr Geräte besitzen, Filme streamen und im Netz surfen, manche Leute auch nach wie vor gerne Fernreisen machen und in größeren Wohnungen leben wollen, brauchen wir immer mehr Energie. Kurz gesagt sind ihre wichtigsten Formen für uns:

- **Bewegung:** Wir möchten von einem Ort zum anderen kommen. Dafür nutzen wir Fahr- oder Flugzeuge. Wir möchten uns Arbeit erleichtern, beispielsweise mit einem Mixer für den Kuchenteig. Auch das ist Bewegungsenergie.
- **Wärme:** Wir möchten es möglichst immer gleich warm haben. Dafür brauchen wir im Winter Heizungen und im Sommer schon mal eine Klimaanlage. Außerdem benötigen wir Wärme, um unser Essen zu kochen.
- **Licht:** Wir möchten es hell haben und zum Beispiel lesen können, auch wenn die Sonne untergangen ist.
- **Geräusche:** Wir möchten Musik oder ein Hörspiel hören.
- **Kommunikation:** Die Verbindung zwischen uns und der Welt, zum Beispiel beim Chatten, erfordert einen Austausch von Daten. Und dafür braucht es wieder Energie.

Selbst in Dingen, die weder leuchten noch Geräusche machen, steckt oft eine Menge Energie. Beispiel T-Shirt: Energie für die Gewinnung der Rohstoffe; für den Antrieb von Webstühlen und Nähmaschinen; für den Transport zu uns. Dabei gilt als Faustregel: Je komplizierter ein Ding in der Herstellung ist, desto mehr Energie ist meist hineingeflossen.

WO KOMMT ALL DIESE ENERGIE her? Dafür zapfen wir verschiedene Quellen an. Da sind die fossilen Energieträger wie Kohle oder Erdgas, nukleare Quellen, wie Uran, Bewegungsenergie von Wind oder Wasser sowie Sonnenenergie, Biomasse oder Erdwärme.

Eine besondere Rolle kommt dem elektrischen Strom zu. Er ist so etwas, wie die Königin unter den Energieformen, denn er lässt sich beinahe überall einsetzen. Strom liefert Wärme für den Herd, lässt die Lampe leuchten und bringt den Mixer in Bewegung. Wir können mit Strom sogar Auto fahren und Heizungen betreiben. Weil wir in Zukunft aufgrund der Klimafolgen weniger fossile Energien, wie Benzin oder Heizöl verwenden müssen, brauchen wir mehr Strom. Mit Kernenergie kann man zwar Strom erzeugen, wir möchten sie aber nicht mehr nutzen, da wir keine Ahnung haben, wohin mit den gefährlichen Abfällen – und Unfälle zwar selten sind, aber schreckliche Auswirkungen haben, wenn sie doch mal passieren. Das bedeutet, dass der Strom, den wir erzeugen, vor allem aus Wind- oder Sonnenenergie und Co. kommen muss! Klingt einfach, ist es allerdings nicht, denn der Platz für Windräder oder Solaranlagen ist bei uns begrenzt. Was tun? Ganz klar: sparsamer mit der Energie umgehen. Das klappt zum Beispiel, wenn man Dinge gemeinsam macht. Dazu zählt Bus statt Auto zu fahren, zusammen zu kochen, statt dass es jeder einzeln tut. Meist macht das auch mehr Spaß!

INFOGRAFIK

WOHIN FLIESST DIE GANZE ENERGIE?

Was ist eigentlich Energie und wofür nutzen wir sie? Diese Übersicht zeigt, wie sich der Verbrauch in Deutschland aufteilt, woher die Energie in unseren Haushalten stammt – und wofür wir sie dort eigentlich benötigen. Na, schon eine Idee, wo ihr anfangen könnt zu sparen?

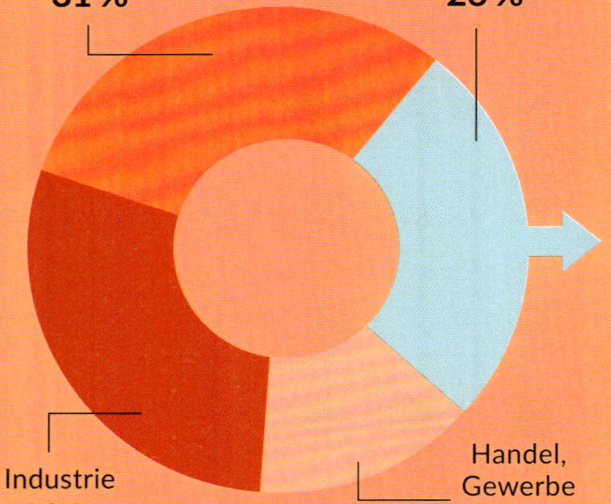

ENERGIEVERBRAUCH IN DEUTSCHLAND*

Am meisten Energie benötigt in Deutschland der Verkehr. Was immer an Treibstoff nötig ist, um Autos, Lastwagen, Busse und Flugzeuge anzutreiben, zählt hier dazu, ebenso Strom für S- und U-Bahnen oder Fernzüge.

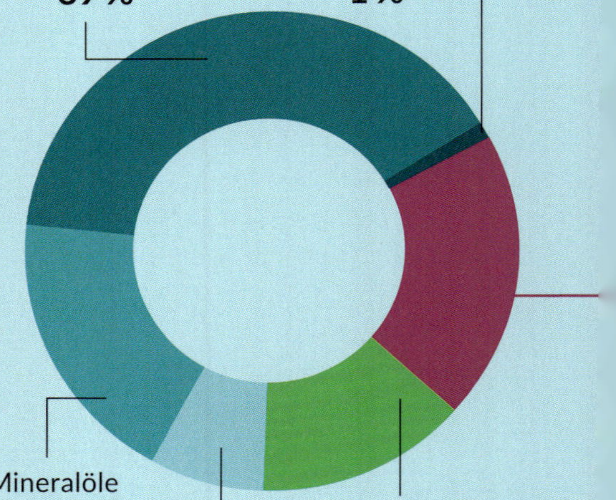

Wer die Werte zusammenzählt, sieht schnell: Fast 60 % der Energie stammen aus fossilen Quellen wie Gas und Öl. Aber auch in Fernwärme oder Strom steckt noch ein hoher Anteil fossiler oder nuklearer Energie. Das geht besser!

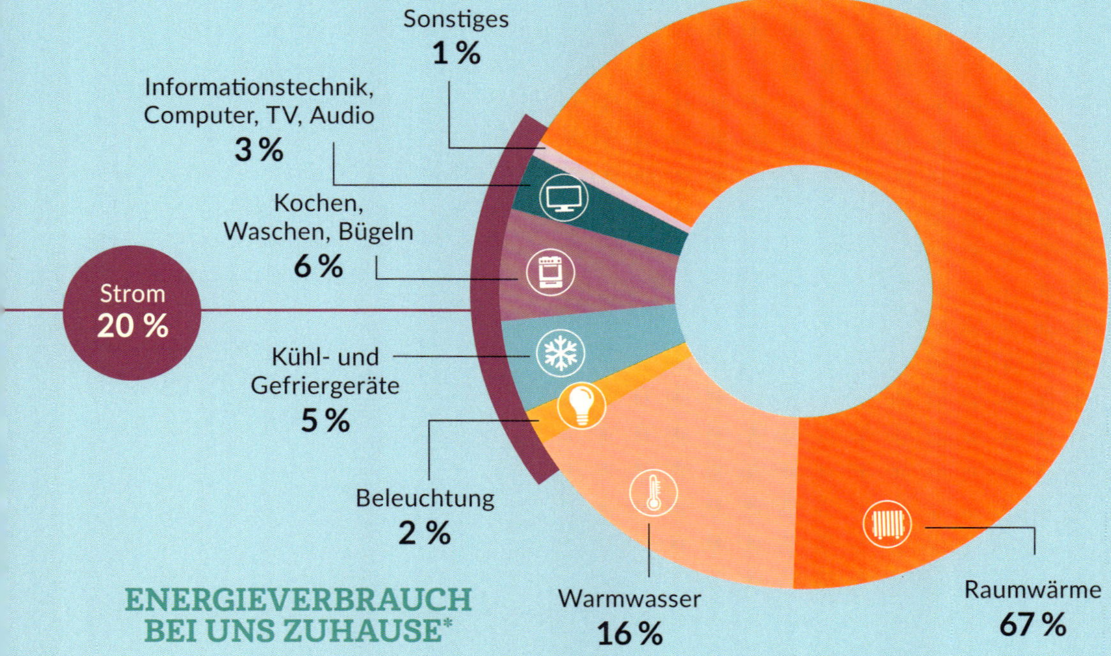

ENERGIEVERBRAUCH BEI UNS ZUHAUSE*

Nur knapp 20 % der Energie, die ein Haushalt benötigt, sind elektrischer Strom. Der weitaus größte Teil geht fürs Heizen drauf. Wer einen warmen Pullover anzieht, statt die Heizung hochzudrehen, kann also eine Menge bewegen!

*Stand 2018

PROF. VOLKER QUASCHNING

WIR KÖNNEN DAS HAUS RETTEN!

Der Klimaschützer und Elektrotechniker Volker Quaschning ist sicher: Durch technologische Entwicklung können wir die Energiewende rechtzeitig schaffen., um die Folgen des Klimawandels in einem erträglichen Maß zu halten.

MEIN GANZES BERUFLICHES LEBEN habe ich mich mit Klimaschutz und Energie beschäftigt, zum Beispiel an Solarenergie geforscht. Schon als Kind habe ich mich sehr für Technik begeistert. Zu Beginn meines Studiums wurde an der Uni aber auch viel über Politik diskutiert. Unsere Themen waren zum Beispiel das Waldsterben und der Unfall im Atomkraftwerk Tschernobyl. Wir haben auch über die Bedingungen nachgedacht, unter denen manche Menschen arbeiten müssen. Deshalb habe ich für mich überlegt, welches Thema am dringlichsten ist und in welchem Bereich ich am besten arbeiten kann. So kam ich auf den Klimaschutz und dort, als Elektrotechniker, auf die erneuerbaren Energien.

Da ich Ingenieur bin, weiß ich, dass wir die Energiewende technisch schaffen können. Die Technologien, die wir heute haben, reichen aus, um das hinzukriegen. Es ist in etwa so, als ob der Dachstuhl eines Hauses brennt – und die Feuerwehr mit prallen Wasserschläuchen danebensteht und mit den Nachbarn plaudert. Das Feuer hat zwar schon etwas beschädigt, noch aber ist es gut zu löschen. Wir müssen das allerdings genau jetzt tun und dürfen nicht weiter plaudern!

SCHON IN DER NAHEN ZUKUNFT müssen wir mit 100 Prozent erneuerbaren Energien klarkommen, wenn wir aus Kernenergie und allen fossilen Energien, also Öl, Kohle und Gas, aussteigen. Bleiben: Biomasse, Erdwärme, Wind-, Wasser- und Sonnenenergie. Die Wasserkraft ist hierzulande schon nahe-

VOLKER QUASCHNING,
geboren 1969, ist »Scientist for Future« und Professor für Regenerative Energiesysteme in Berlin. Sein wichtigstes Buch zu diesem Thema gilt in Fachkreisen mittlerweile als Standardwerk. Doch er kann auch für Laien erklären: Auf seinem Youtube-Kanal beackert er allgemeinverständlich Fragen rund um die erneuerbare Energien.

zu vollständig genutzt. Es wird keine weiteren Stauseen geben, und fast alle Bäche und Flüsse sind ausgebaut. Wir sollten auch nicht noch mehr Biomasse, wie zum Beispiel Mais, nutzen. Denn die bestehenden landwirtschaftlichen Flächen sind wichtiger für den Anbau von Lebensmitteln. Und noch mehr Flächen zu Äckern machen, ist auch kein Weg. Schließlich wollen wir unsere Naturräume bewahren. Und was ist mit Erdwärme? Die liegt in Deutschland leider zu tief im Boden. Um richtig Kraftwerke damit zu betreiben, müssten wir zum Teil fünf Kilometer tief bohren: viel zu teuer, viel zu gefährlich.

BLEIBEN ALSO DIE Wind- und Sonnenenergie die wir ausgiebiger nutzen können, nein: müssen, als wir es bislang tun. Der Sonnenstrom, die Photovoltaik, muss ausgebaut werden. Trotzdem: Selbst wenn wir alle derzeit bestehenden geeigneten Dachflächen dafür nutzen würden, könnten wir damit höchstens ein Fünftel unseres Energiebedarfs decken. Heißt: Die Windkraft bleibt derzeit die wichtigste Energiequelle für unser Land. Rein rechnerisch müssen wir daher viermal so viele Windräder aufstellen, wie wir im Moment haben, um auf 100 Prozent erneuerbare Energien zu kommen. Der Platz ist da, der Widerstand mancherorts aber groß. Wer will schon einen Wald aus riesigen Rotoren vor der Haustür haben? Für dieses Problem müssen wir – schnelle – Lösungen finden. Denn es gibt leider keine Alternative, wenn unsere Welt lebenswert bleiben soll!

IRINA WELLIGE

STRAMPELN, DAMIT DIE FILME LAUFEN

Mit ihrem Fahrradkino macht Irina Wellige vom Verein SOLARE ZUKUNFT wortwörtlich sichtbar, wie Strom erzeugt und verbraucht wird – und regt so zum bewussteren Umgang mit Energie an.

MIT EINEM DYNAMO AM FAHRRAD kann man ohne großen Kraftaufwand das Licht für sein Fahrrad betreiben. Das kennt ihr sicher. Auch den Strom für ein Radio oder Ventilator per Strampeln zu erzeugen, ist im Prinzip leicht zu schaffen – sofern man ein entsprechend umgebautes Fahrrad hat. Wenn das so einfach ist, dachte ich mir vor ein paar Jahren, müsste es dann nicht auch möglich sein mit »Fahrradenergie« zum Beispiel einen Film zu schauen?

Mit ein paar Mitstreitern fing ich an, auf dieser Idee herumzukauen. Schnell war klar, dass ein einziges Fahrrad dazu nicht ausreichen würde. Unsere Berechnungen ergaben, dass man mindestens zehn Räder benötigt, um Beamer, Laptop und Soundanlage zu betreiben. Das haben wir dann ausprobiert: 2014 war unser erstes Fahrradkino fertig und wurde im Juli für das Public Viewing des Endspiels der Fußball-WM zum ersten Mal öffentlich erprobt. Mit Erfolg! Dank einiger technischer Verbesserungen konnten wir mit dem Fahrradkino 2018 sogar auf Tour durch ganz Deutschland gehen. Dabei diente mal das Segel eines Schiffes als Leinwand, wie im Hafen von Rostock, oder es versammelten sich Hunderte Zuschauer in einer Straße in Bonn.

WIR SIND AUCH OFT AN SCHULEN, wo das Muskelkraft betriebene Kino eine spannende Abwechslung zum Schulalltag darstellt und die Schülerinnen und Schüler oft derart motiviert in

IRINA WELLIGE,
geboren 1973, studierte Soziologie und Ethnologie. Erst später entdeckte sie ihre Leidenschaft für das Thema erneuerbaren Energien, vor allem Solarenergie. Seit 2008 arbeitet sie beim Verein Solare Zukunft in Freiburg. Dort betreibt sie das Fahrradkino und bietet Weiterbildungen für Erwachsene an.

die Pedale treten, dass manchmal sogar mehr Energie erzeugt wird, als die Geräte benötigen. So unterschiedlich die Events sind, eines haben sie immer gemeinsam: Das Fahrradkino beeindruckt die Menschen und regt zum Nachdenken an. Ganz besonders ist es in der Natur – weit weg von einer Steckdose. Wir waren zum Beispiel mal mitten in einem Maislabyrinth! Dort wird dann besonders deutlich: Nur mit vereinten Kräften kann der Film bis zum Ende geschaut werden; 90 Minuten durchgehend 500 Watt elektrische Energie zu erzeugen, ist gar nicht so einfach. Übrigens kann das System auch zur Disco umgerüstet werden. Im Takt der Beats tritt es sich dabei besonders leicht, und ein jeder hat die Wahl: sich auf dem Fahrrad oder der Tanzfläche auszupowern.

Warum tun wir das alles? Das Fahrradkino macht unmittelbar erfahrbar, wie Strom erzeugt und verbraucht wird – und motiviert so zu einem verantwortungsvolleren Umgang mit Energie. Das stellen wir bei unserer Arbeit seit vielen Jahren fest. Und so war es auch bei mir: Die Erkenntnis, dass es nicht selbstverständlich ist, im Winter jederzeit Strom, Wärme und fließend Wasser zu haben, hat mich neugierig gemacht, mehr darüber zu erfahren, wie Strom und Wärme erzeugt werden und welche Risiken und Gefahren damit verbunden sind. Schaut hinter die Dinge, es ist nicht alles selbstverständlich, was uns umgibt!

ERIC MAYER

UND PLÖTZLICH BIN ICH »ENERGIE-BEWAHRER«

Eric Mayer lernt als Moderator und Reporter für das Fernseh-Magazin *PUR+* immer neue Dinge kennen. Regelmäßig verändern diese Erfahrungen seinen Blick auf die Welt – zuweilen gar sein eigenes Verhalten. Wie bei einem Besuch in Spanien ...

DAS IST DOCH VERRÜCKT: In einem Loch im Erdboden zwischen alten Autoreifen und leeren Glasflaschen zu leben? Für mich klingt das wirklich nicht nach einem Wohlfühl-Wohnkonzept. Für Laura Davies und David Buchanan anscheinend schon! Für *PUR+*, unsere Wissenssendung im ZDF, traf ich die beiden vor einiger Zeit im spanischen Almería. Hier wollte ich mehr über ihr sogenanntes Earthship (auf deutsch: Erdenschiff) erfahren.

Als Earthships werden Gebäude bezeichnet, die größtenteils aus natürlichen Baustoffen oder recyceltem Müll hergestellt sind, durch die Sonne beheizt werden und ihren eigenen Wasser-, Energie- und Wärmekreislauf haben. Sie sind damit weitestgehend unabhängig von der Außenwelt und benötigen keine zusätzliche Energiezufuhr wie Strom, Öl oder Gas.

Laura und David haben für ihr Earthship auf einer ziemlich kargen Landfläche ein großes Loch ausgehoben, aus Holz eine Säulen-Dach-Konstruktion darüber gebaut und Wände aus Erde, Autoreifen, Dosen oder Glasflaschen hinzugefügt. Das Haus heizt sich durch die spanische Sonne selbst im Winter genügend auf und speichert die Wärme auch gut. Regenwasser wird gefiltert und auf diese Weise nutzbar gemacht, den Strom liefert eine Solaranlage.

ERIC MAYER,
geboren 1980, ist Journalist, Autor und Moderator. Einem größeren Publikum ist er bekannt, seit er 2008 die Moderation der Wissenssendung *PUR+* im ZDF übernahm.

ICH STAND DAMALS in dem noch etwas kargen Rohbau, konnte mir dann aber doch irgendwie vorstellen, dass es hier mal wohnlich und gemütlich wird. Trotzdem wollte ich wissen, warum die beiden ausgerechnet so wohnen wollten. »Weil wir wirklich nachhaltig leben möchten.«, antwortete Laura ohne nachdenken zu müssen. »Dazu gehört zum Beispiel, dass wir unsere eigene Energie erzeugen. Aber mehr noch, wir sind nicht nur Energie-Erzeuger – im Grunde sind wir Energie-Bewahrer! All unsere Baumaterialien hier, andere würden sagen: all dieser Müll, wurden unter einem großen Energieaufwand hergestellt. Indem wir sie wiederverwenden, wird die Energie, die drinsteckt, weiter genutzt. So bewahren wir Energie, anstatt sie zu verschwenden. Und das ist wirklich nachhaltig.«

Der Gedanke haute mich um – wie cool ist das denn! Als ich die beiden verließ, sah ich alles um mich herum plötzlich mit anderen Augen: Mein Rucksack, mein Handy, selbst die Klamotten, die ich anhatte – überall steckt Energie drin. Diese Dinge möglichst lange zu benutzen, heißt also nichts anderes, als Energie zu sparen! Eigentlich logisch! Ich sah die wärmende Sonne hinter Lauras und Davids Earthship untergehen und dachte: Ab jetzt will ich auch Energie-Bewahrer sein! Daran hat sich übrigens bis heute nichts geändert.

TILMAN SANTARIUS

EIN GRÜNER WEG INS DIGITALE ÜBERMORGEN

Wer ein Buch auf dem Bildschirm liest, spart ganz viel Papier. Einerseits. Andererseits verbraucht unser digitaler Lebenswandel erhebliche Ressourcen und benötigt schon heute irre viel Energie. Das darf nicht so bleiben. Wie es anders gehen könnte, schreibt Tilman Santarius.

ICH ARBEITE DIGITAL, streame Videos, shoppe online, chatte mit Freunden oder Kollegen – und das auch mal gerne draußen unterm Apfelbaum. Und übrigens nicht erst seit die Coronakrise das halbe Land ins Home Office gezwungen hat! Aber was man diesem digitalen Dasein vielfach nicht ansieht: die enormen Material- und Energieverbräuche. In der Hardware, also in Computern und Handys, stecken viele seltene Rohstoffe, die meist unter problematischen Bedingungen für Mensch und Natur und mit großem Energieaufwand abgebaut werden. Das ist sogar noch halbwegs bekannt. Genauso, dass am Ende bei der Entsorgung jede Menge Elektromüll zusammenkommt, von dem bislang nur das wenigste recycelt wird.

WAS KAUM JEMAND WEISS: bereits die bloße Nutzung hat enorme Folgen. Schon heute verbraucht das Internet etwa zehn Prozent des Stroms weltweit. 2030 könnten es bis 30 Prozent sein! Der Verbrauch an Energie wächst weiter und weiter. Und noch stammt sie überwiegend aus fossilen Brennstoffen. Das muss sich ändern. Für eine digitale Zukunft, die dennoch ökologisch ist, braucht es fünf grundlegende Veränderungen:

- Die Hardware muss grüner werden, und zwar weltweit. Natürlich muss irgendwer den Anfang machen. Ich glaube, wenn wir in Europa über eine entsprechende Richtlinie die Herstellungsbedingungen festlegen, werden uns manche Länder und viele große Unternehmen folgen.
- Auch die Software muss grüner werden. Künstliche Intelligenz ist zum Beispiel sehr rechenintensiv, weil dabei riesige Datenberge verarbeitet werden. Wir müssen klar überlegen: Welche Anwendungen der Künstlichen Intelligenz sind für uns als Gesellschaft so wichtig, dass das gerechtfertigt ist?
- Die Menge an Daten im Internet darf nicht ins Unermessliche wachsen, denn

TILMAN SANTARIUS, geboren 1974, beschäftigt sich seit rund 20 Jahren mit den großen Themen Digitalisierung und Nachhaltigkeit. Er hat dazu mehrere Bücher veröffentlicht und lehrt als Professor in Berlin sozial-ökologische Transformation und nachhaltige Digitalisierung.

auch das kostet Energie und benötigt erhebliche Infrastrukturen wie Unterseekabel, Serverparks, Rechenzentren. Energie sollte teurer werden, etwa indem Steuern erhoben werden. Firmen und Verbraucher sollten mehr stromsparende Hard- und Software nachfragen. Und sinnlose Werbevideos sollten am besten verboten werden.

- Das Internet muss ein Gemeingut bleiben, also weiter uns allen gehören. Ich halte es für keine gute Entwicklung, wenn Social Media und Suchmaschinen von einigen wenigen Konzernen beherrscht und vermarktet werden. Darum sollte das Internet möglichst werbefrei sein, auch um gleichzeitig die Verführung zu immer mehr Konsum einzudämmen.
- Wir brauchen mehr Förderung für nachhaltige digitale Lösungen. Beispiel Verkehr: Eine übergreifende Mobilitäts-App, wie sie jetzt in München oder Berlin entsteht, könnte alle »grünen« Verkehrsmittel schlau miteinander kombinieren – und damit das Auto gerade in der Stadt weitgehend überflüssig machen.

SCHON KLAR, BEI VIELEN Punkten einer nachhaltigen Gestaltung der Digitalisierung sind Regierungen und Unternehmen gefragt. Aber auch ihr könnt etwas beitragen, wenigstens im Kleinen. Zum Beispiel nur wenige digitale Geräte kaufen, und diese möglichst lange nutzen. Und wenn ihr Online-Shopping macht, dann bitteschön nachhaltig hergestellte Produkte kaufen. Die gibt es online genauso einfach per Mausklick, wie den Wohlstandsschrott bei Amazon. Und seid euch bewusst, dass vor allem das Streaming einfach enorm viel Energie benötigt: Wer in der Straßenbahn Video streamt, hat fast den gleichen Energieverbrauch wie jemand, der mit dem Auto nebenherfährt! Kleiner Tipp: Man kann auch mal unterm Apfelbaum sitzen, ohne auf irgendein Display zu gucken.

WER ENERGIE SPART, KANN SICH WAS LEISTEN!

Das Programm »Fifty-Fifty« sorgt in München dafür, dass Schulen, Kitas und die Stadt gemeinsam gleich drei Ziele erreichen: Klima schützen, verantwortungsvolles Handeln lernen, Geld sparen!

ES IST NICHT ZU ÜBERSEHEN! Wer die Städtische Balthasar-Neumann-Realschule in München betritt, ahnt sehr schnell: Hier geht's um Klimaschutz. In der Aula steht ein Wasserautomat, an dem die Schülerinnen und Schüler jederzeit Trinkwasser in ihre Wasserflaschen abfüllen können, um keine gekauften Getränke mitbringen zu müssen. Und überall hängen gemalte Bilder, auf denen Sprüche zu finden sind wie: »Vote Climate – Weg mit 2-Go«. Die Plakate wurden im Kunstunterricht gemalt. Vorher haben sich die Schülerinnen und Schüler schon in Physik und auch in Englisch mit dem Thema beschäftigt. Kein Wunder, diese Schule ist Teil von »Fifty-Fifty«, dem Münchner Energie- und Wassersparprojekt für Schulen und Kitas.

Der Name ist übrigens Programm, es geht um Prozente. Und fünfzig Prozent sind genau die Hälfte von etwas. Das Projekt heißt so, weil Schulen mit der Energie zugleich Geld sparen – und genau die Hälfte dieser Ersparnis zahlt die Stadt an die Schule aus. Stadt und Schule machen fifty-fifty, also Hälfte-Hälfte.

AKTUELL NIMMT JEDE dritte Schule Münchens teil und verfolgt damit drei Ziele: An erster Stelle steht natürlich der Klimaschutz. Zweitens möchte »Fifty-Fifty«, dass die Schülerinnen und Schüler Verantwortung für ihr Handeln übernehmen, beispielsweise ihren tatsächlichen Wärmebedarf kennen und auch wissen, wie sie ihn reduzieren können. Erst an dritter Stelle kommt das Geldsparen.

Das Ganze läuft ganz offiziell: Will eine Schule mitmachen, schließt sie mit der Stadt München einen Vertrag. In dem steht, dass die Schule Energie sparen will und die Stadt ihr Geld auszahlt, wenn das gelingt. Danach machen Fachleute von der Stadt einen Rundgang durch das Gebäude. Sie gucken sich gemeinsam mit Vertreterinnen und Vertretern der Schule an, ob etwa die Fenster gut schließen oder Heizungen zugestellt sind. Es werden auch erste Messungen vorgenommen, zum Beispiel wie warm es in den Klassenzimmern ist.

DANN WIRD ES ERNST: Oft gründen Lehrkräfte, Schülerinnen und Schüler und auch die Hausmeisterei ein gemeinsames Energieteam. Sie planen zusammen, ob sie beispielsweise Lichtschalter beschriften, Heizungen freiräumen und wie sie nach und nach alle Klassen in Sachen Energiespartipps schulen. Dazu können sie von der Stadt auch Messgeräte oder ausschaltbare Steckerleisten bekommen.

Zum Schluss gibt es die Belohnung: Wenn die Schule wirklich Energie und somit Geld gespart hat, kann sie mit ihrer Hälfte davon machen, was sie will. Oft entscheiden das die Energieteams. Manche gehen ins Theater, andere kaufen Bücher oder weiterführende Materialien zum Thema Energie. Beeindruckend: Die Stadt München hat zusammen mit den Schulen bislang weit über sechs Millionen Euro eingespart. Das reicht für eine Menge Theaterkarten!

WER ENGAGIERT SICH NOCH?

Um die Energiewende zu schaffen, ist beides gefragt: große Entscheidungen und Veränderungen – und viele, viele kleine Ideen und Initiativen. Hier findet ihr ein paar Gruppen, Organisationen und Menschen, die zeigen, wie es gehen kann!

VORREITER DER UNABHÄNGIGKEIT

Im Jahr 1986 gab es einen riesigen Unfall im Atomkraftwerk Tschernobyl in der Ukraine. Danach wollten auch hierzulande viele Menschen keinen Atomstrom mehr. In Schönau im Schwarzwald taten sich die Einwohner zusammen und organisierten ihre Stromversorgung selbst. Sie bauten viele kleine Kraftwerke in die Wohnhäuser und setzten zudem Wasser-, Wind- und Sonnenenergie ein. So entstanden die **ELEKTRIZITÄTSWERKE SCHÖNAU (EWS)** – die inzwischen in ganz Deutschland Öko-Strom verkaufen.

DIE RECHNUNG GEHT AUF

CLAUDIA KEMFERT erforscht als Volkswirtin die wirtschaftlichen Chancen, die in Klimaschutz und Energiewende liegen – und kommt zu dem Schluss: Sie sind groß! Das ist eine wichtige Botschaft, denn die meisten Leute sehen eher die Risiken und Probleme, die beispielsweise mit dem möglichst schnellen Ende von Erdöl und Kohle verbunden sind. Claudia Kempfert meint dagegen: Energiewende und Klimaschutz können viele neue Arbeitsplätze und neue Möglichkeiten für Unternehmen schaffen.

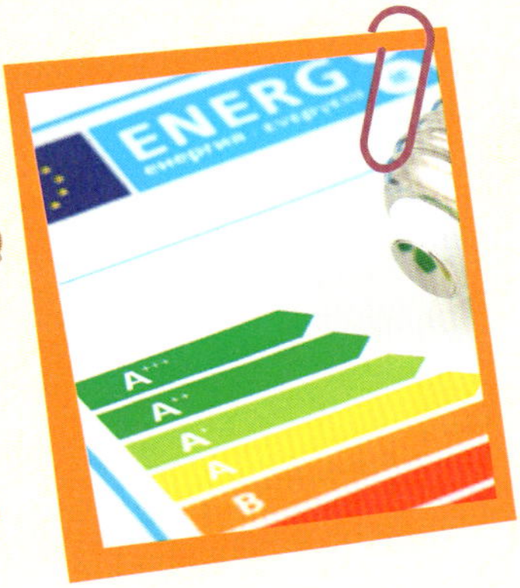

DAS GROSSE GANZE IM BLICK

Alles, was man über Energie und die Energiewende wissen kann, läuft auf der Internet- Plattform **AGORA ENERGIE-WENDE** zusammen! Ein passender Name: »Agora« heißt auf Griechisch Versammlungsplatz und auf diesem »Platz« wird versucht, gemeinsam vernünftige Wege aus der Klimakrise zu finden. Dazu arbeitet Agora Energiewende mit der Wissenschaft und der Politik zusammen und ist in ganz Europa vernetzt. Das Ziel ist: Energie soll nicht nur klimaneutral werden, sondern dabei auch kostengünstig und sicher verfügbar bleiben. Wie das aussieht? Schaut selbst unter www.agora-energiewende.de

UNTERSTÜTZT ENERGIEWENDER AN SCHULEN

Der **BUNDESVERBAND SCHULE ENERGIE BILDUNG e.V.** bringt Kommunen mit Expertinnen und Experten zusammen, die bereits seit vielen Jahren Energiesparprojekte in Schulen anstoßen und begleiten. Diese Fachleute beraten dann die Gemeinden und Schulträger und klären über die verschiedenen Konzepte zum Energiesparen an Schulen auf. Das Ziel ist immer gleich: Klimaschutz durch einen sinnvollen Umgang mit Energie dauerhaft an Schulen zu verankern. Ihr wollt an eurer Schule auch etwas verändern? Kein Problem – wendet euch an die Mitglieder des Bundesverbandes, wenn ihr Fragen zum Energiesparen an Schulen habt. Kontakt über www.schule-energie-bildung.de

FÜR KOHLESTOPP – MANCHMAL GEGEN DAS GESETZ

ENDE GELÄNDE ist eine Gruppe, die sich seit 2015 für Klimaschutz engagiert – mit einer klaren Forderung: Ende Gelände will, dass alle Kohlekraftwerke sofort stillgelegt werden. Dafür besetzt die Gruppe zum Beispiel Tagebaue, wo Braunkohle gefördert wird. Das nennt man »zivilen Ungehorsam«. Dadurch versucht Ende Gelände auch, Dörfer oder Wälder vor dem Abbaggern zu schützen. Die Auseinandersetzung über den Hambacher Forst in Nordrhein-Westfalen ist das bekannteste Beispiel. Manches, was Ende Gelände tut, ist nicht legal. Aber das nimmt die Gruppe in Kauf, alles andere dauert in ihren Augen nämlich zu lange. Sie sagen: »Um Inselstaaten wie Fidschi vor dem Ertrinken zu retten, müssen wir den sofortigen Kohleausstieg durchsetzen.«

WAS KÖNNT IHR TUN?

Nach allem, was ihr auf den vorhergehenden Seiten gelesen habt, fragt ihr euch vielleicht, was ihr selbst zur Energiewende beitragen könnt. Schließlich ist es eher unwahrscheinlich, dass ihr ein Kohlekraftwerk stilllegt oder einen Windpark errichtet. Aber selbst, wenn ihr euer Wohnhaus nicht dämmen könnt, gibt es im Bereich Energiesparen eine Menge Möglichkeiten aktiv zu werden!

SCHWUNGVOLL LÜFTEN!

Im Winter ist es drinnen oft stickig, besonders in Klassenräumen, wo viele zusammensitzen – und besonders bei den Klassenarbeiten, wenn alle angestrengt nachdenken. Da ist es sicher gut, wenn ein Fenster ständig gekippt ist, oder? Nein, Irrtum! Gekippte Fenster sorgen kaum für Luftaustausch, sondern kühlen die Wände aus und erzeugen Zugluft, die euch im Zweifel auch noch eine Erkältung einbrockt. Es wird stattdessen mehrmals tägliches Stoßlüften empfohlen: also ein oder mehrere Fenster, am besten gegenüberliegende, für vier bis sechs Minuten weit öffnen. Das tauscht die Luft schnell aus, die Wände bleiben warm, sodass sich die frische Luft schnell erwärmen kann. So wird Wärmeenergie gespart.

HEIZKÖRPER RAUS AUS DEM VERSTECK!

Manche Menschen verstecken ihre Heizkörper hinter Vorhängen, um sie nicht ständig sehen zu müssen. Fürs Auge mag das ein Gewinn sein, für alles andere nicht. Die Vorhänge führen dazu, dass ein Großteil der Wärme nicht ins Zimmer gelangt, sondern beim Heizkörper bleibt. Dort ist es dann schön warm, im Raum jedoch nicht. Das Thermostatventil an den Heizkörpern misst nämlich die Umgebungstemperatur und stellt die Heizung aus, wenn es warm genug ist. Also: Es spart viel Energie, Heizkörper nicht zuzustellen oder zu verdecken, da sich die Wärme besser im Raum verteilen kann und ihr die Ventile nicht so hochdrehen müsst.

MANCHE MÖGEN`S HEISS!

Ich möchte mein cooles neues T-Shirt zeigen. Das geht aber nicht, wenn ich eine Jacke darüber trage. Also weg damit – und lieber die Heizung etwas höher drehen? Überlegt besser zweimal, ob es das wert ist. Denn: Für jedes Grad mehr muss etwa sechs Prozent mehr an Heizenergie aufgebracht werden. Die optimale Raumtemperatur zu Hause oder im Klassenraum liegt bei 20 Grad. Vielleicht besorgt ihr euch einfach ein Thermometer, um das zu prüfen? Und zieht lieber einen Pullover über und hebt euch das coole Shirt für den Sommer auf!

IM DUNKLEN MUNKELN?

Manchmal ist es falsch, Strom zu sparen. Zum Beispiel braucht ihr ab und zu Licht – besonders natürlich zum Lesen oder Schreiben. In einem Klassenraum ist es mitunter an der Fensterseite hell genug, an der Wandseite jedoch düster. Dann ist es eine Idee, nur die wandseitige Reihe Lampen anzuschalten. Wenn ihr als letzter einen Raum verlasst, könnt ihr das Licht getrost ausschalten. Das gilt natürlich auch für alle Geräte, die ihr gerade nicht verwendet. Egal, ob Fernseher, Computer oder Spielkonsole: alleine im Raum müssen sie nicht laufen. Hilfreich dabei ist eine ausschaltbare Steckerleiste: Sie stellt sicher, dass auch kein Standby-Strom gebraucht wird.

ENERGIESPAREN AN SCHULEN

Gibt es vielleicht schon Energieprojekte an eurer Schule? Macht euch schlau! Und wenn ihr bei selbst ein Projekt starten wollt, sprecht am besten Lehrkräfte oder die Schulleitung an. Falls ihr zu einer Lehrerin einen besonders guten Draht habt, sprecht mit dieser, auch wenn sie fachlich vielleicht weit weg von Energiethemen scheint. Sie kann euch in jedem Fall helfen, die anderen Lehrer oder die Schulleitung zu überzeugen. Wenn nichts passiert, könnt ihr es ja auch beim Schulamt oder denjenigen probieren, die für das Schulgebäude zuständig sind, zum Beispiel die Immobilienverwaltung.

»Die Luft ist besser geworden, und die Temperatur sank um zwei Grad im Vergleich zur Stadt. Für uns ist das wie ein Wunder. Und es macht mir Hoffnung, dass wir den Planeten Erde doch noch retten können. Denn wir haben gesehen, dass alles Leben wiederkommen kann, wenn wir die Erde nur umbauen.«

SEBASTIÃO SALGADO

KAPITEL 3

NATUR

EINLEITUNG

WIR UND SIE – DER MENSCH UND SEIN VERHÄLTNIS ZUR NATUR

Wir alle glauben, genau zu wissen, was Natur ist. Aber tun wir das wirklich? Kommt mit auf eine kleine Spurensuche quer durch die Menschheitsgeschichte!

NATUR IST ALL DAS auf der Welt, was nicht von uns Menschen geschaffen wurde. Natur, das sind Pflanzen, Tiere, Erde, Luft und Wasser. Es sind die Wolken am Himmel, Bakterien in einem Tropfen. Fichten, Mais oder Steinkohle sind Natur – auch wenn Fichtenschonungen, Maisfelder und Kohleminen menschengemacht sind., so etwas gab es ursprünglich nicht. Und so wie die Natur hat sich auch unser Verhältnis zu ihr über die Jahrtausende stark verändert.

Als unsere ersten Urahnen die Erde betraten, waren sie noch Teil der Natur. Sie haben mit und in ihr gelebt. Als unsere Vorfahren mit Ackerbau und Viehzucht anfingen, bauten sie Häuser zum Schutz und veränderten die natürliche Umgebung: Sie rodeten Wälder oder legten Sümpfe trocken, hielten und züchteten Tiere, die sich dadurch bald stark von ihren Wildformen unterschieden, denkt nur an Dackel und Wolf. Dennoch blieben die Menschen extrem abhängig von der Natur: Ein Unwetter, eine Dürre, schlechte Ernten, ansteckende Krankheiten – das konnte eine Dorfgemeinschaft schnell ins Verderben reißen.

MIT DER INDUSTRIALISIERUNG, die vor rund 250 Jahren begann, entfernten sich die Menschen zunehmend von der Willkür natürlicher Prozesse. Zum anderen beeinflussten sie die Umwelt immer mehr, zum Beispiel durch den Bergbau. Fortschritte in Medizin und Technik führten dazu, dass viele irgendwann glaubten, die Natur beherrschen zu können.

Vor allem aber haben wir uns von der Natur entfernt, und auch von ihrer Nutzung. Wisst ihr, wo der Weizen für euer Brötchen oder die Baumwolle für euer T-Shirt gewachsen ist oder wer das Koltan – ein Erz, das in jedem Handy

und vielen Elektrogeräten steckt – gefördert hat? Diese Dinge sind alle aus der Natur entnommen, sie wachsen auf natürlichem Boden, bevor sie durch uns geformt werden.

Diese zunehmende Distanz zwischen uns Menschen und der Natur führte auch dazu, dass Natur für viele von uns nicht mehr einfach da ist. Sondern wahlweise bedrohlich – oder romantisch. Denkt an einen Wald: Manchen schlägt das Herz höher und sie fühlen sich zwischen den Bäumen frei und glücklich – andere haben Angst. Wer weiß, ob hier nicht Wölfe leben? Dass Menschen hier lange gelebt, Beeren oder Pilze gesammelt haben, kommt uns aus Furcht vorm Fuchsbandwurm, Zecken oder auch nur dreckigen Schuhen kaum in den Sinn.

DABEI SOLLTEN WIR UNS vielleicht ab und zu klarmachen: Egal, wo wir sind, Natur ist überall um uns herum – ob in ihren Produkten vom Brötchen bis zum T-Shirt, oder als staubiger Straßenbaum an der Autobahnauffahrt – und auch wir sind ein Teil davon. Und wir bleiben abhängig von ihr, abhängig von Wasser, Boden oder Luft. Wenn wir über Naturschutz sprechen, geht es also nicht nur um den Panda, den Blauwal oder das bedrohte Wiesenkraut. Es geht auch um uns und um unser Überleben.

So gesehen sollte unser Bewusstsein irgendwie wieder auf den Stand vom Anfang kommen: Wir Menschen leben in und mit der Natur, es geht gar nicht ohne sie! Großstädte sind auch Rückzugsorte von Insekten und Vögeln, Wälder müssen renaturiert und die Landwirtschaft muss so betrieben werden, dass Wildtiere in ihr leben können. Dazu können, nein, müssen wir alle etwas beitragen!

INFOGRAFIK

WILDNIS WAR EINMAL

Wir machen uns immer breiter. Wälder schrumpfen, Wiesen werden bebaut. An die Stelle natürlicher Vielfalt tritt vielerorts eine »Natur«, die der Mensch zu seinem Nutzen gestaltet hat. Die Folgen etwa für die Artenvielfalt sind verheerend, wenn wir nicht für ein gesundes Miteinander von Mensch und Wildnis sorgen.

FLÄCHENNUTZUNG IN DEUTSCHLAND

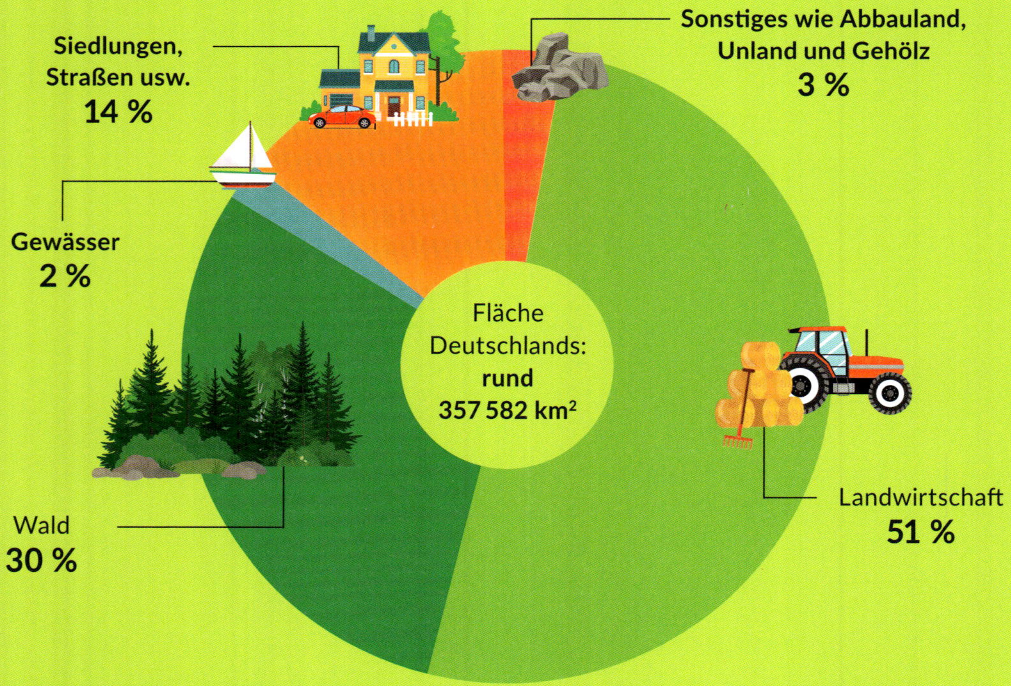

Zahlen können täuschen: Zwar liegt der Waldanteil bei rund 30 %. Doch das meiste davon ist Wald, der wirtschaftlich genutzt wird, etwa für die Holzindustrie. Naturschutzgebiete machen gerade mal gut 6 % aus – und auch das nur, wenn man die großen Schutzgebiete in Nord- und Ostsee mitzählt.

Stand 2018

WIE DER MENSCH DIE NATUR »ÜBERWIEGT«

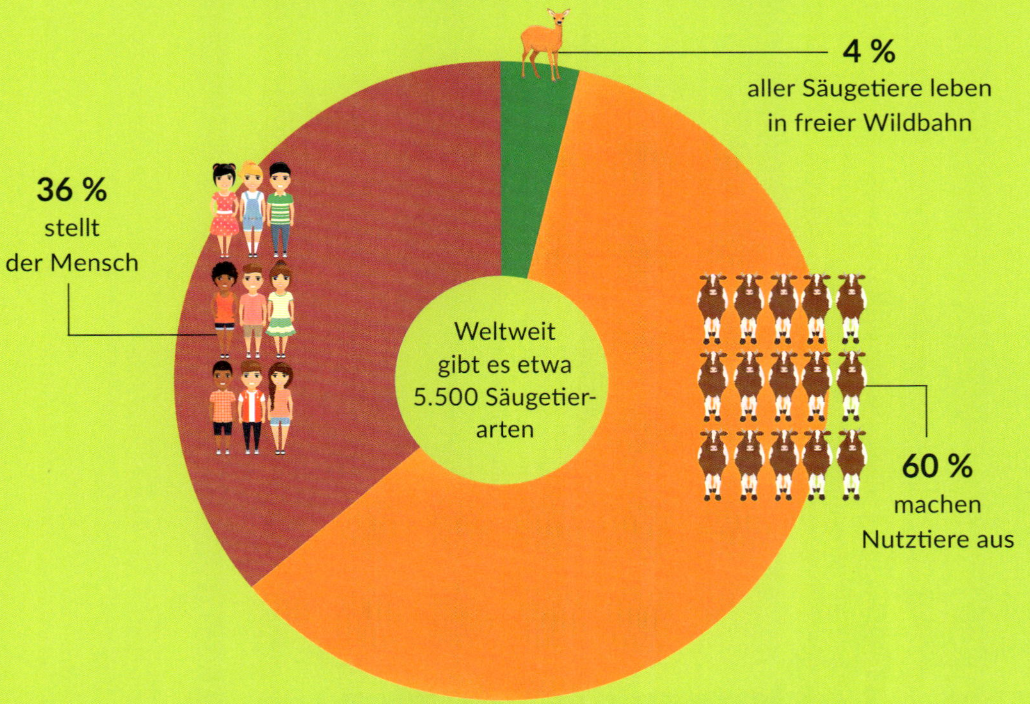

Wer noch einen Beweis braucht, wie weit wir uns den Planeten schon untertan gemacht haben: Würde man alle Säugetiere der Erde auf eine Waage stellen, kämen der Mensch und die von ihm gehaltenen Nutztiere auf erstaunliche 96 %. Das Verhältnis dreht sich erst, wenn man auch Fische, Insekten und Co. mitzählt.

Stand 2018

ARTENSCHUTZ ODER TIERQUÄLEREI?

Wann wart ihr das letzte Mal im Zoo? Fast jede größere Stadt hat ihren eigenen Tierpark, allein in Deutschland sind es mehrere Hundert. Ob es noch zeitgemäß ist, dort Tiere auszustellen und unter Bedingungen zu halten, die mit ihrem Leben in der Wildnis nichts mehr zu tun haben – darüber sind sich längst nicht alle einig. Hier findet ihr einige Argumente für beide Seiten.

WICHTIGE WISSENSQUELLE

Wildtiere in der Natur zu beobachten, ist nicht leicht. Oft sind sie scheu oder sehr selten. Und wer möchte schon einem Tiger in freier Wildbahn wenige Meter gegenüberstehen? Abgesehen davon, dass man dafür erst nach Indien reisen müsste. Im Zoo könnt ihr die Tiere aus nächster Nähe und völlig gefahrlos beobachten und dabei vieles über sie lernen. Und nicht nur ihr! Vieles, was man heute über Wildtiere weiß, auch über ihre Krankheiten und wie diese behandelt werden können, wissen Forscher aus dem Zoo.

KRANK VOR LANGEWEILE?

Das Verhalten von Tieren im Zoo hat oft nichts mit ihrem natürlichen Verhalten oder Bedürfnissen zu tun. In der Natur verbringen Tiere zum Beispiel viel Zeit damit, Futter zu suchen. Im Zoo sparen sie Zeit und Kraft, weil sie gefüttert werden. Aber gerade Raubtiere brauchen auch manchmal die Stresshormone, die bei der Jagd ausgeschüttet werden, um ihre Körperfunktionen in Gang zu halten. Ohne Herausforderungen langweilen sich die Tiere und können krank werden. Deswegen versuchen einige Zoodirektoren es auch mal mit Tricks und legen dem Geparden Löwenkot ins Gehege. Der Geruch vom Feind stresst ihn und er schüttet die Hormone aus.

TIERARTEN SCHÜTZEN

In Zoos werden viele Menschen überhaupt erst auf das Thema Arten- und Naturschutz aufmerksam. Denn wer

mehr über Tierarten weiß, wer ein Pandababy oder einen lustigen Pinguin mit eigenen Augen gesehen hat, kann auch besser verstehen, warum diese geschützt werden müssen.

EIN TROPFEN AUF DEN HEISSEN STEIN?

Es gibt einige seltene Arten, die durch Zoos vor dem Aussterben bewahrt wurden. Nachdem sie in der Natur bereits ganz oder zumindest in bestimmten Gegenden verschwunden waren, konnte man Tiere aus Gefangenschaft auswildern. Zum Beispiel die Przewalski-Pferde in der Mongolei oder der Luchs im Harz. Allerdings: Verglichen mit den schätzungsweise 100 Tierarten, die jeden Tag aussterben, ist das natürlich ziemlich wenig.

EINE FRAGE DES GELDES?

Zoos zu betreiben, ist teuer! Also brauchen sie viele Besucher, die viel Eintrittsgeld in die Kasse spülen. Darum zeigen Zoos gern besonders attraktive Tierarten, wie Löwen oder Eisbären. Doch gerade für die ist es in Gehegen einengend, weil sie in der Natur ein Jagdgebiet haben, das viel, viel größer ist als das, was ihnen im Zoo geboten werden kann. Darum zeigen viele Eisbären im Zoo Verhaltensstörungen. Einige Zoos beschränken sich deshalb auf wenige Arten, um diese dann angemessen beherbergen zu können. Zum Beispiel konzentriert sich der Dortmunder Zoo auf Ameisenbären. Die sind eigentlich schwer zu halten. Aber durch die Spezialisierung kennen sich die Pfleger jetzt besser mit ihnen aus.

FIESE NÜTZLINGE, NÜTZLICHE FIESLINGE

Mücken, Fliegen, Wespen braucht kein Mensch? Könnte man denken, stimmt aber nicht. Die Artenvielfalt auf unserer Erde ist wichtiger als manche meinen – überlebenswichtig auch für uns!

»AUA, MICH HAT EINE doofe Wespe gestochen!« Wer von euch kennt das nicht? Wespen sehen ja schon fies aus mit ihren gelben und schwarzen Streifen, den riesigen Augen und kräftigen Beißzangen. Da bekommt man schon Respekt, wenn sie wieder mal auf dem Pflaumenkuchen oder am Limonadenglas herumklettern. Denn ihre Stiche tun nicht nur wahnsinnig weh, manche Menschen reagieren allergisch darauf und müssen nach einem Stich schnell zum Arzt.

Da wäre es ohne Wespen doch besser, oder? Dazu müssen wir uns ihr Leben einmal genauer ansehen: Erwachsene Wespen fressen hauptsächlich Süßes, wie Pflanzenpollen, faulige Früchte oder eben Zucker. Da sind sie den deutlich beliebteren Bienen ähnlich und tragen dadurch sogar etwas zur Bestäubung wichtiger Pflanzen bei – aller-

dings nicht sonderlich viel, ihr Körper ist dafür zu glatt, daran bleibt nur wenig Pollen kleben. Aber die Wespenkinder in ihrem Nest, die fressen andere Sachen, und hier wird es interessant: Der Nachwuchs wird von der Königin und den Arbeiterinnen mit anderen Insekten oder Aas gefüttert.

IM KLARTEXT HEISST DAS: Wespen vertilgen auf diese Weise jede Menge Mücken, Fliegen und Blattläuse. Gäbe es keine Wespen, gäbe es also mehr von den anderen Plagegeistern. Okay, aber könnten wir die nicht auch einfach ausrotten? Das ist bereits versucht worden. DDT hieß zum Beispiel ein Gift, das jahrelang auf der ganzen Welt gegen die kleinen Fieslinge eingesetzt wurde. In der Folge starben aber leider auch all diejenigen, die sich von den kleinen Insekten ernähren, vor allem Vögel. Und es sterben auch die Bienen und Wildbienen, die die behandelten Pflanzen eigentlich befruchten sollten. Das ging also ziemlich nach hinten los.

Oft wissen wir einfach nicht, wozu ein Tier oder eine Pflanze im großen Kreislauf der Natur gut ist, und denken, wir könnten ganz gut auf sie verzichten. Die Folgen zeigen sich mitunter erst viel, viel später. In Neuseeland wurde vor 200 Jahren aus Versehen – durch die von den europäischen Siedlern eingeführten Katzen, Hunde und Ratten – ein Vogel ausgerottet, der ganz und gar unwichtig schien. Jetzt – 200 Jahre später – sterben einheimische Pflanzenarten aus. Warum? Weil der Vogel bei deren Verbreitung geholfen hatte, indem er sie gefressen und mit seinem Kot die Samen anderswo wieder ausgeschieden hat. Dadurch, dass er nicht mehr da war, fiel eine wichtige Verbreitungsmöglichkeit weg, die Pflanzen wurden immer seltener, bis sie irgendwann ganz weg sind. Peng!

IM MOMENT STERBEN WELTWEIT ganz viele Arten aus, manche davon haben wir noch nicht einmal entdeckt, geschweige denn, dass wir wüssten, welche Rolle sie in ihren Lebensräumen spielen. Damit wir das nicht erst in 100 Jahren merken, ist es wichtig, heute zu handeln und sich für den Artenschutz einzusetzen – von der Wildblumenwiese, die ein Zuhause für Insekten ist, bis zu Schutzprojekten für Menschenaffen, Wale oder Großkatzen. Manche Forscher sagen, der Artenschwund wäre sogar folgenreicher für das Leben auf der Erde als der Klimawandel. Lasst ihn uns verhindern!

VON RÜCKKEHRERINNEN UND NEWCOMERN

Um unsere Natur scheint es düster zu stehen: Das große Artensterben ist eine Tatsache, Umweltgifte und Klimawandel tragen ihren Teil dazu bei. Mancher Art geht es allerdings heute viel besser als noch vor 100 Jahren. Hier bekommt ihr ein paar von diesen Gewinnerinnen ein Gesicht. Manche von ihnen sind gar so erfolgreich, dass sie inzwischen bekämpft werden – weil sie wiederum anderen den Platz streitig machen.

SCHEUER GESUNDHEITSPOLIZIST

Der Wolf ist zurück! Über 100 Jahre war der vierbeinige Jäger in Deutschland komplett ausgestorben, da er von uns Menschen unbarmherzig gejagt wurde. Aus eingebildeter Angst oder weil man ihn als Bedrohung für Schafe, Kühe und andere Nutztiere sah. Seit dem Ende der 1980er-Jahre konnte der Wolf allerdings vom Osten her wieder einwandern. Inzwischen hat er sich fast überall in Deutschland eingelebt. Ihr habt ihn noch nicht gesehen? Das liegt daran, dass er scheu ist und nicht gesehen werden will. Übrigens: Auch wenn manche Bauern ihn auch heute noch nicht mögen – er hat eine nützliche Funktion in seinem Lebensraum, in dem der Wolf dafür sorgt, dass Reh- und Hirschbestände gesund bleiben, weil er vor allem alte und kranke Tiere erbeutet.

GRAUE RIESEN

Kraniche fressen so ziemlich alles, was es in ihrem Lebensraum, den Feuchtgebieten so gibt. Ihnen schmecken Wurzeln, Pflanzen, aber auch kleine Tiere. Aber sie brauchen es eben wirklich feucht. Da viele Feuchtgebiete in den vergangenen Jahrzehnten trockengelegt wurden, damit darauf Landwirtschaft betrieben werden kann, konnten die Kraniche nicht mehr gut leben. Außerdem wurden sie gejagt und ihre Eier gesammelt. Das ist nun verboten, und seither vermehren sich diese großen Vögel ganz prächtig – weil der Mensch sie lässt. Kraniche sind eher im Norden und Osten zu Hause, ziehen aber im Winter bis nach Spanien. Dabei könnt ihr mitunter auch hierzulande große Schwärme beobachten.

WANDERN MIT DER WÄRME

Die Gottesanbeterin ist berühmt dafür, dass sie nach der Paarung gelegentlich ihr Männchen auffrisst. Tatsächlich aber frisst sie noch viel lieber andere Insekten, denen sie stocksteif und fast unsichtbar auflauert. Das exotisch anmutende Insekt liebt es warm. Und je wärmer es auch bei uns wird, desto

häufiger trifft man es an. Die Gottesanbeterin ist schon länger vom Mittelmeerraum nach Norden gewandert. Etwa seit den 1990er-Jahren – als der Klimawandel spürbarer wurde – breitete sie sich in Deutschland aus und wurde 2017 gar zum Insekt des Jahres gewählt. Wenn es nach ihr geht, darf die Erderwärmung also gern weitergehen. Dann kommt sie irgendwann sogar in der Arktis an …

DANKE FÜR DEN UMWELTSCHUTZ

Sehr wahrscheinlich kam die Chinesische Wollhandkrabbe mit dem sogenannten Ballastwasser von Schiffen aus ihrer Heimat China nach Europa. Inzwischen haben sich die ziemlich großen Krebstiere mit ihren behaarten Scheren ganz gut bei uns eingelebt. Sie wiegen bis zu 400 Gramm und können weite Strecken zurücklegen – nein: müssen es sogar! Denn die Entwicklung von der Larve bis zu Krabbe erfolgt im Salzwasser der Meere, die erwachsenen Tiere hingegen leben im Süßwasser – und profitieren daher von unseren Umweltschutzmaßnahmen: Dass unsere Flüsse inzwischen nämlich viel sauberer sind als noch vor 40 Jahren, finden die Krabben super und vermehren sich daher prächtig.

VON DER ZIER ZUR PLAGE

Wer hätte das gedacht: Es gibt nicht nur eine Liste der bedrohten Arten, sondern auch eine der bedrohenden. Darauf findet sich das Indische Springkraut. Weil seine Blüten so hübsch sind, nahm man es aus dem Himalaya-Gebirge mit nach Europa – als Gartenpflanze. Doch die blieb es nicht: Das Springkraut mag feuchten Untergrund und konnte sich wunderbar an europäischen Bächen und Flüssen ansiedeln. Seine Samen springen munter aus den Kapseln und verbreiten sich daher gut. Während auch Bienen das Indische Springkraut mögen und seine Blüten mit Wonne betäuben, wird es von den Menschen mittlerweile bekämpft, etwa indem man es vor der Samenreife ausreißt: Es steht im Verdacht, heimische Arten zu verdrängen.

SEBASTIÃO SALGADO,
geboren 1944, ist ein weltweit bekannter und vielfach ausgezeichneter Fotograf. Gemeinsam mit seiner Frau, der Autorin und Filmproduzentin LÉLIA DELUIZ WANICK SALGADO, geboren 1947, gründete der UNICEF-Botschafter vor mehr als 20 Jahren das »Instituto Terra«.

IM INTERVIEW:
LÉLIA UND SEBASTIÃO SALGADO

DIE HOFFNUNG UNSERES PLANETEN LIEGT IN DEN KINDERN!

Sebastião Salgado ist als Fotograf weltbekannt. Was nicht jeder weiß: Mit seiner Frau Lélia hat er in seiner Heimat Brasilien ein beeindruckendes Naturschutzprojekt gegründet. Der deutsche Fotograf Christian Ender hat mit beiden über ihren Wald und das »Instituto Terra« gesprochen.

Wie kommt eigentlich ein Starfotograf dazu, Umweltschützer zu werden?

Sebastião: Ich war als Fotograf oft in Kriegsgebieten oder dort, wo es Menschen schlecht geht. Als wir das Projekt starteten, war ich gerade von einer wirklich schrecklichen Reise zurückgekommen. Ich wollte nie wieder fotografieren, so schockiert war ich über das, was ich gesehen hatte. Und dann übergaben meine Eltern Lélia und mir die Farm, auf der ich als Kind gelebt hatte. Doch das Land war fast eine Wüste, Landwirtschaft kaum noch möglich. Das lag daran, dass alle Bäume gefällt und dann Rinder gehalten worden sind. Wie es in Brasilien leider sehr oft geschieht. Doch der fruchtbare Boden wird vor allem von den Bäumen und ihren Wurzeln festgehalten. Fehlen Bäume, bleiben weder Boden noch Wasser. Ich fand einfach nur schrecklich, was ich auf unserer Farm gesehen habe – aber Lélia hatte Hoffnung und die großartige Idee, zu versuchen den Regenwald wieder aufzuforsten.

INSTITUTO TERRA- DAS INSTITUT ERDE

Das Institut wurde im Jahr 1998 im Südosten Brasiliens gegründet. Seither konnte eine Fläche von fast 10.000 Fußballfeldern wiederaufgeforstet werden, mehr als vier Millionen Setzlinge wurden in der zugehörigen Baumschule großgezogen. Deren Samen stammen alle aus der Umgebung, sie wurden von wildwachsenden Bäumen gesammelt. Heute arbeiten im »Instituto Terra« mehr als 70 Leute in der Wiederaufforstung oder Umweltbildung. Diese beschränkt sich nicht auf Kurse und Programme für Kinder und Jugendliche. Ziel ist es ebenso Wissen über nachhaltige Landwirtschaft an die Bauern der Umgebung weiterzugeben, die oft dasselbe Problem haben wie die beiden vor inzwischen mehr als 20 Jahren: dass auf ihrem Land nichts mehr wächst. Mehr Informationen – auf Portugiesisch und Englisch – gibt es unter **www.institutoterra.org.**

Sie hatte ganz offensichtlich recht. Wie hat sich der Wald seither entwickelt?

Sebastião: Fantastisch! Zehntausenden Bäumen konnten wir beim Wachsen zusehen. Die Bäume bekamen Laub und Blüten. Das lockte dann Insekten, wie Schmetterlinge, an. Und mit den Insekten kamen die Vögel – und jede Menge weitere unterschiedliche Tier- und Pflanzenarten. Wir wussten nicht, woher sie kamen, aber plötzlich waren sie da. Inzwischen zählen wir allein 172 Vogelarten. Sogar Affen und eine Jaguar-Familie haben sich angesiedelt. Auch viele Reptilien leben in unserem neuen Wald. Und mehr noch: Die Luft ist besser geworden, und die Temperatur sank um zwei Grad im Vergleich zur Stadt. Für uns ist das wie ein Wunder. Und es macht mir Hoffnung, dass wir den Planeten Erde doch noch retten können, wenn wir es nur wollen. Denn wir haben gesehen, dass alles Leben wiederkommen kann, wenn wir die Erde nur umbauen. Ich glaube, an jedem Ort kann das passieren, was bei uns passiert ist.

Wie seht ihr eure Rolle inzwischen?

Lélia: Tja, obwohl wir nur zufällig Umweltschützer geworden sind, hatten wir mit einem Mal das größte Wiederaufforstungsprojekt in Brasilien. Da haben wir begonnen, unser Wissen weiterzugeben. Kinder sollen die Gelegenheit haben, Zusammenhänge zu verstehen

und Natur zu erleben. Deswegen machen wir Umwelt- und Naturbildung. Bei uns wird munter diskutiert und viele Kinder erzählen ihren Eltern, was sie falsch machen. Und wir kämpfen inzwischen gegen den Raubbau im gesamten Amazonasgebiet. Das muss aufhören – ebenso die Abholzung in Indonesien und Malaysia! Unser Ziel ist, den Leuten vor Ort zu einem besseren Leben zu verhelfen. Denn Landwirtschaft ist ja trotzdem möglich, auch ohne alles kaputt zu machen.

Was ratet ihr Kindern?

Lélia: Seht euch einmal direkt in eurer Umgebung um und überlegt, was dort in der Umwelt und mit den Menschen schiefläuft. Findet heraus, was ihr selbst tun könnt, um vielleicht das eine oder andere daran – oder auch an eurem Verhalten – zu ändern. Das gilt natürlich nicht nur für Kinder!
Sebastião: Wir Alten schließen oft zu viele Kompromisse, haben zu viele schlechte Angewohnheiten. Ich bin daher überzeugt, dass die Hoffnung unseres Planeten in den Kindern liegt. Sie können für uns alle Vorbilder sein, damit wir uns erst selbst ändern. Unsere Haltung, dann unser Leben, unsere Häuser, unsere Straßen – unsere Gesellschaft. Ich glaube, wenn wir es so anfangen, können wir wirklich die Welt verändern.

INSTITUTO
TERRA

MEHR FÜRS MEER!

Schaut euch mal einen Globus an. Sofort fällt auf, dass es darauf erheblich mehr blaue Flächen gibt als braune oder grüne. Die Oberfläche unseres Planeten besteht nämlich zu mehr als 70 Prozent aus Wasser. Das ist gigantisch viel! Und dennoch gibt es auch hier gigantische Probleme. Und wer hat sie mal wieder verursacht? Genau: der Mensch.

SCHON IMMER HABEN MENSCHEN ihren Müll in die Flüsse geworfen. Ist ja auch praktisch, wird alles einfach weggespült. Früher, als es noch weniger Menschen und ungiftigere Abfälle gab, war das nicht so schlimm. Heute aber besteht unser Müll vielfach aus Plastik, Schwermetallen und anderen Umweltgiften. Und die gelangen durch die Flüsse bis ins Meer. Hierzulande ist es zwar inzwischen verboten, Abfälle direkt in die Natur zu werfen, aber unsere Waschmittel oder Pullover enthalten kleinste Kunststoffteile, die beim Waschen ins Wasser geraten, von den Klärwerken nicht aufgehalten werden können und so ins Meer entwischen.

Da ist es auch kein Trost, dass die Ozeane noch viel mehr Kohlendioxid als Plastikmüll enthalten. Der Hauptverursacher des Klimawandels wird massenhaft in den Meeren gespeichert. Eigentlich ja gut, lieber dort als in der Luft, oder? Leider wird im Wasser aus dem Kohlendioxid Kohlensäure. Und was wir als Sprudelwasser gut finden mögen, ist zum Beispiel für Muscheln und Korallen gefährlich, denn ihre Gehäuse aus Kalk lösen sich in Säure auf. Das könnt ihr ausprobieren, indem ihr eine Muschelschale in Essig legt und guckt, wie schnell sie weg ist.

DURCH DEN KLIMAWANDEL werden die Meere auch wärmer. Das vertragen viele Tier- und Pflanzenarten nicht, die dort heimisch sind. Außerdem dehnen sich die Ozeane aus. Dazu muss man wissen, dass Wasser bei vier Grad am kompaktesten ist, den wenigsten Platz

braucht. Wird es wärmer, braucht es mehr. Und der Meeresspiegel steigt. Hinzukommt das Abschmelzen der Gletscher. Es könnte also sein, dass künftige Globen noch viel blauer ausfallen, die grünen und braunen Flächen schrumpfen. Was für uns heißt: Wir müssen auf dem verbleibenden Festland enger zusammenrücken.

MEHR MEER MÜSSTE DIE FISCHE darin eigentlich freuen. Allerdings wird es knapp für sie. Dafür essen wir Menschen zu gern Fisch. Schmeckt ja auch gut und ist gesund. Hat allerdings Folgen: Fast alle Fischbestände sind mittlerweile durch Überfischung gefährdet. Das liegt nicht nur an unserem Appetit, sondern auch daran, dass sich die Fangmethoden verändert haben und etwa mit riesigen Netzen am Meeresgrund gefischt wird. Dabei landet nicht nur im Netz, was man eigentlich fangen wollte, sondern auch ganz viel sogenannter Beifang. Der wird oftmals zwar zurück ins Wasser geworfen, ist dann aber meist schon tot.

Manches davon wird auch zu Fischmehl verarbeitet und in Aquakulturen verfüttert. Aquakulturen sind sowas, wie Ställe im Wasser, wo die Tiere dicht an dicht gezüchtet werden, während ihre Ausscheidungen und die Medikamente, mit denen sie behandelt werden, das Wasser um sie herum verpesten. Inzwischen gibt es zwar einige Meeresschutzgebiete, in denen die Fischerei verboten ist. Auch einigen sich die Länder auf Fangquoten, damit nicht alles wild aus dem Wasser geholt werden darf. Hier muss sich aber noch mehr tun!

ROBERT HABECK

TROCKEN BLEIBEN!

Durch den Klimawandel verändert sich auch die Natur. Der Meeresspiegel steigt und Schutzmaßnahmen werden notwendig – weltweit! Wie sich der Norden Deutschlands darauf vorbereitet, schildert Robert Habeck, der Chef der Partei DIE GRÜNEN.

VON 2012 BIS 2018 WAR ICH Minister in Schleswig-Holstein. Schleswig-Holstein liegt zwischen zwei Meeren, der Nordsee und der Ostsee. Schon immer wurde das Land regelmäßig von schweren Sturmfluten getroffen. Viele Menschen haben dabei ihr Leben verloren. Um sich davor zu schützen, fingen sie irgendwann an Deiche zu errichten. Deiche wurden aber auch gebaut, um dem Meer Land abzutrotzen. Seit rund 30 Jahren liegt die Landgrenze allerdings fest, und es gibt einen Nationalpark Wattenmeer vor der Deichlinie, der nicht mehr genutzt werden darf. Dafür wachsen die vorhandenen Deiche nach oben. Es sind riesige Küstenschutzbauwerke. Sie haben ein flaches Profil zum Meer hin, damit die Wellen bei Sturmflut keinen Schaden anrichten.

Ich habe bei einer Sturmflut vor einigen Jahren einen solchen Deich besucht, der gerade im Bau war. Das Meer tobte mit einer Urgewalt und über vier Meter hohen Wellen an die Flanke des Deichs. Gischt flog wie Schnee. Der Sturm brüllte. Man konnte im Wind kaum atmen. Und das Wasser stieg und stieg. Plötzlich schien der mächtige, breite Deich nur noch eine schmale, zerbrechliche Linie zwischen dem Meer und den Menschen.

NUN IST ES JA SO, dass das Meer inzwischen steigt, weil etwa die Polarkappen der Arktis schmelzen. Wie hoch es noch steigen wird, hängt davon ab, wie viel Kohlendioxid wir in die Erdatmosphäre geben, wie viel Öl, Kohle, Gas wir verbrennen. Bisher ging die Wissenschaft von einem Anstieg von einem Meter bis zum Jahr 2100 aus, aber es können auch zehn Meter werden. Schon ein Meter ist viel. Denn bei einer Sturmflut schiebt der Wind das Wasser ja vor sich her. Drückt es

ROBERT HABECK,
geboren 1969, ist Politiker. Er war Umweltminister in Schleswig-Holstein und ist seit Anfang 2018 Bundesvorsitzender der Partei Bündnis 90/Die Grünen. Wenn es seine Zeit zulässt, schreibt er gemeinsam mit Andrea Paluch Romane, Kinder- und Jugendbücher.

also an die Küste, wo es sich dann noch deutlich höher auftürmt.

Weil wir nicht genau vorhersehen können, wie hoch das Meer ansteigen wird, wurden sogenannte Klimadeiche gebaut. Sie sind sehr breit im Deichfuß, aber die Deichkrone, also die Spitze, wird noch nicht aufgesetzt. Diese Deiche sind im Moment auf einen Meeresspiegelanstieg bis ein Meter ausgelegt. Aber wenn der Anstieg höher ausfällt, können die Menschen, die nach uns dort wohnen, den Deich einfach erhöhen. Sie müssen ihn dazu nicht mehr verbreitern. Diese Art Deichbau ist jedoch teuer. Schleswig-Holstein gibt jedes Jahr ungefähr 70 Millionen Euro dafür aus. Eine Menge Geld, doch wir können uns das leisten. Andere nicht!

WELTWEIT WOHNT DIE MEHRHEIT der Menschen in den Küstenregionen. 62 Prozent der Städte mit mehr als acht Millionen Einwohnern befinden sich an der Küste. Mehr als 200 Millionen Küstenbewohnerinnen und -bewohner leben in Regionen, die nicht höher als fünf Meter über dem Meeresspiegel liegen. Oft sind es sehr arme Länder. Sicher keine, die Klimadeiche bauen können. Sie werden vom Meeresanstieg betroffen sein, wie vor Jahrhunderten unsere Vormütter und Vorväter.

Die Frage ist nicht, ob wir die Erderhitzung und damit den Anstieg des Meeresspiegels noch aufhalten können, sondern ob wir sie wenigstens unter zwei Grad halten können. Aber selbst wenn das gelingt, werden viele Millionen Menschen, die heute an den Küsten leben, auch Klimadeiche brauchen. Dabei müssen wir ihnen helfen. Wir sind es ihnen zumindest schuldig, dafür zu sorgen, dass das Meer vielleicht wirklich nur einen einzigen Meter ansteigt!

WER ENGAGIERT SICH NOCH?

Naturschutz kann schon vor der eigenen Haustür beginnen, Angebote und Anregungen gibt es ohne Ende. Auch Organisationen, bei denen ihr mitmachen könnt. Ein paar davon, sowie ein paar Menschen, die sich durch ihre Aktionen für die Natur hervorgetan haben, stellen wir euch hier vor.

DIE MIT DEM HAI TAUCHT

OCEAN RAMSEY ist Meeresbiologin, Taucherin und Model. Und sie taucht schon seit Jahren vor allem – mit Haien! Denn sie weiß: Viele Haiarten sind bedroht. Die Tiere sind aber sehr wichtig für das Ökosystem Meer und müssen daher umso mehr geschützt werden. Da aber viele Menschen vor Haien Angst haben und sie eben auch nicht so niedlich sind, wie beispielsweise Tigerbabys, brauchen sie jemanden, der ihr Image aufpoliert. Also postet Ocean Ramsey regelmäßig faszinierende Fotos und gibt ihr Wissen auch bei speziellen Tauchkursen an andere Menschen weiter. Weil ihr das nicht genügte, hat sie zudem die Organisation »Water Inspired« für mehr Artenschutz im Meer gegründet.

DIE GRÖSSTEN SIND DIE JÜNGSTEN!

Die **NATURSCHUTZJUGEND NAJU** ist deutschlandweit mit über 1000 Gruppen der größte Kinder- und Jugendverband im Natur- und Umweltschutz. 90.000 Kinder, Jugendliche und junge Erwachsene machen mit beim Vögel zählen oder Wald aufräumen. Auf der Internetseite findet ihr Ideen für Aktionen, zum Entdecken und Forschen. Das Ziel der NaJu ist der Erhalt der Natur und der biologischen Vielfalt. Auch toll: Sobald ihr eintretet, könnt ihr mitbestimmen, was getan werden soll. Denn hier haben alle gleiches Mitspracherecht!

AUF IN DEN WALD – SEIT ÜBER 100 JAHREN

Reisen und Sport, Naturerlebnis, Klimaschutz oder Vielfalt? Die **NATURFREUNDEJUGEND**, der Jugendverband der NaturFreunde Deutschlands, hat ihren Schwerpunkt eher auf den sozialen Themen im Naturschutz gelegt. »Den arbeitenden Menschen aus grauen Städten den Zugang zur Natur zu erschließen«, war das Ziel der Gründergeneration der Naturfreunde-Bewegung vor mehr als 100 Jahren. Aber eigentlich ist es das noch heute. Deswegen betreiben die Naturfreunde zum Beispiel ihre Naturfreundehäuser, die meist mitten im Wald stehen, und organisieren viele Gruppenreisen.

NICHT IMMER GEHT ES GUT AUS

Der brasilianische Regenwald ist bedroht, auch weil Holzfäller oftmals ohne jede Erlaubnis Bäume schlagen. Dagegen machte sich **PAULO GUAJAJARA** mit seiner Gruppe »Guardiões da floresta« (auf Deutsch »Wächter des Waldes«) stark. Sie patrouillierten im Wald und verhinderten so verbotene Holzfällaktionen. Paulo galt schließlich als einer der prominentesten Waldschützer Brasiliens – und war vielen ein Dorn im Auge. Offenbar einer, der so wehtat, dass man dafür mordet: Im November 2019 wurde er von illegalen Holzfällern erschossen. Paulo Guajajara gehörte zum indigenen Volk der Guajajára. Weil die brasilianische Regierung den Regenwald weiter abholzen lässt, sind neben der Natur auch die dort lebenden Menschen immer größerer Gewalt und Vertreibung ausgesetzt.

ALLE SCHULEN FÜR DIE UMWELT!

Bei der »Umweltschule in Europa – Internationale Nachhaltigkeitsschule« der internationalen Umweltbildungsorganisation **FOUNDATION FOR ENVIRONMENTAL EDUCATION (FEE)** kann man sich als gesamte Schule auszeichnen lassen. Das geht natürlich nur, wenn man auch aktiv wird! Was das im Einzelnen heißt? Alle Informationen findet ihr auf der Seite der Deutschen Gesellschaft für Umwelterziehung (DGU). Im Moment beteiligen sich weltweit schon über 30.000 Schulen in mehr als 50 Ländern. Sorgt dafür, dass es noch mehr werden!

WAS KÖNNT IHR TUN?

Wälder pflanzen, Meere retten? Ist gut und wichtig – aber es geht auch zwei Nummern kleiner. Beim Thema Natur könnt ihr besonders gut selber Hand anlegen und direkt vor der Haustür aktiv werden. Nicht unbedingt, aber gern mit anderen zusammen!

GEBT DER VIELFALT EIN ZUHAUSE

Fast überall habt ihr die Möglichkeit, ein Insektenhotel oder ein Vogelhaus aufzuhängen. Das geht sogar vorm Kinderzimmerfenster im siebten Stock. Wie man so eine Bleibe baut, dazu gibt es im Internet jede Menge Anleitungen. Vielleicht könnt ihr eure Werklehrerin überzeugen, mitzumachen? Dann wird bald die gesamte Schule zur Spatzenkolonie, denn die kleinen braunen Piepmätze finden sonst wenige Nistmöglichkeiten in den Städten. Das gleiche gilt für Insekten wie Wildbienen. Auch sie freuen sich über ein neues Zuhause.

TISCHLEIN DECK DICH!

Wenn ihr ein Zuhause für Insekten geschaffen habt, brauchen die natürlich auch etwas zu essen. Vielleicht gibt es noch Platz für einen Blumenkasten vorm Fenster, der Haustür oder in einem Teil des Schulgartens? Wo immer es geht, lasst kleine Blumenwiesen wachsen! In den Blüten finden viele Insekten, was sie brauchen. Und mancher Vogel wiederum freut sich über die Insekten ...

GEMEINSAM MACHT`S MEHR SPASS

Naturschutz macht noch mehr Spaß, wenn man ihn gemeinsam betreibt! Ein paar Adressen von Organisationen findet ihr auf den vorangegangenen Seiten. Schaut doch einmal nach, wo es in eurer Nähe Jugendgruppen, zum Beispiel vom NABU oder dem BUND, gibt. Wer weiß, vielleicht könnt ihr bald dabei helfen, Nistkästen eures Ortes für die nächste Brutsaison fertig zu machen, Kröten über die Straße zu helfen oder allgemein die Naturräume zu pflegen. Praktisch: Dabei lernt ihr auch ganz viel über Pflanzen und Tiere um euch herum.

ALTES GEMÜSE IST NEUES GEMÜSE!

Eine richtig wimmelige Angelegenheit ist ein Komposthaufen. Hier leben viele kleine und sehr kleine Tiere und Pilze zusammen und verarbeiten Speisereste und Gartenabfälle. Zum Schluss gibt's gute Blumenerde für die nächste Tomatensaison. Komposthaufen in Städten und Siedlungen sollten abgeschlossen sein, damit keine Ratten hinein gelangen. Ihr könnt alle Pflanzenreste hineinwerfen, also Obstreste, Teesäckchen, Blätter, Kaffeesatz, Gemüsereste und sogar ein bisschen Papier, aber kein Fleisch, keine Milchprodukte oder Orangenschalen. Wenn ihr keine Möglichkeit findet, draußen einen Kompost anzulegen, besorgt euch eine Wurmkiste, die kann man sogar in der Wohnung haben!

BÄUME PFLANZEN

Zwar darf man nicht einfach überall Bäume pflanzen, aber ihr könnt in eurer Schule zusammen mit der Schulleitung gucken, ob es dort einen geeigneten Standort gibt. Das Grünflächenamt oder der Förster wissen, welche Bäume für euren Standort geeignet sind. Eine andere Möglichkeit: Ihr werdet Teil von »Plant-for-the-Planet«. Diese Organisation hat weltweit schon mehr als 13 Milliarden Bäume gepflanzt – und ist noch lange nicht fertig. Mehr Infos unter **www.plant-for-the-planet.org**

»Kann es richtig sein, sich Essen von Feldern zu holen, auf denen sonst nichts mehr lebt? Können Düngemittel und Pestizide für uns Menschen gesund sein, die für Insekten und bestimmte Pflanzen giftig sind? Meine Antwort war: Nein! Natur und Landwirtschaft müssen miteinander existieren und nicht gegeneinander!«

MARTIN HÄUSLING

KAPITEL 4

ERNÄHRUNG

EINLEITUNG

ALLES ZU SEINER ZEIT

Apfel ist nicht gleich Apfel. Aber immer noch besser als ein Schnitzel. Was wann auf unserem Teller landet, hat große Folgen für uns, für die Natur, für das Klima.

DER APFEL FÄLLT NICHT WEIT vom Stamm und im Herbst euch quasi vor die Füße. Denn dann ist er reif. Damit das wirklich zuverlässig passiert, wird das Obst allerdings oft behandelt, zum Beispiel mit künstlichem Dünger und auch mit Pestiziden. Mit solchen Giften bekämpfen die Bauern Schädlinge. Allerdings: Was für die Landwirte Schädlinge sind, ist für Vögel und andere Tiere lebenswichtiges Futter. Außerdem bleiben auch schnell mal nützliche Insekten auf der Strecke, etwa Bienen. Das alles gefährdet die Artenvielfalt in der Natur – und uns: Reste der Pestizide bleiben an der Schale haften, und das ist auch für uns nicht gesund. Deswegen müssen wir gespritztes Obst und Gemüse gut waschen oder besser noch schälen. Doof, weil in der Schale ja viele Vitamine und Geschmack stecken. Zum Glück gibt es eine Alternative, den ökologischen Anbau, bei dem keine Pestizide und chemische Dünger eingesetzt werden.

Aber zurück zum Apfel: Wenn ihr den direkt vom Baum pflückt, dann war sein Weg nicht weit. Der Energieverbrauch und die freigesetzten Treibhausgase sind also sehr gering. Doch was, wenn ihr keinen Apfelbaum habt oder gerade keine Erntezeit ist? Was wir wann essen, hat einen gewaltigen Einfluss auf das Klima. Denn bei der Erzeugung der Lebensmittel wie auch beim Transport, der Lagerung und Zubereitung wird Energie benötigt, werden also Treibhausgase in die Atmosphäre freigesetzt. Das ist bei einem Apfel, der zum Beispiel um die halbe Welt gereist ist, dann gekühlt werden musste, bevor er im Supermarkt und irgendwann bei uns landet, viel, viel mehr als beim Apfel aus der Region. Doch auch dessen Bilanz

wird verhagelt, wenn ihr ihn zu lange nach der Erntezeit esst. Ihn bis dahin frisch zu halten, braucht nämlich ebenfalls jede Menge Energie.

WENIG ÜBERRASCHEND: Was für den Apfel gilt, gilt natürlich auch für andere Lebensmittel.

Immerhin aber werden Obst, Gemüse und Getreide angebaut, um von uns gegessen zu werden. Was auf rund drei Viertel der weltweiten Anbaufläche gedeiht, ist hingegen gar nicht für uns bestimmt. Beziehungsweise: nicht direkt. Hier wächst Tierfutter, also Nahrung für all die Rinder, Schweine und Hühner, die wir später essen wollen. Und dabei macht tierische Nahrung nur etwa ein Sechstel dessen aus, was wir verspeisen. Anders gesagt: Der Aufwand, Fleisch zu produzieren, ist um ein Vielfaches höher als der für die Herstellung von pflanzlichen Lebensmitteln. Obst und Gemüse verbrauchen viel weniger Platz, Ressourcen und Energie.

Ganz abgesehen davon sind Fleisch- und Milchprodukte krasse Klimakiller. Warum? Rinder zum Beispiel stoßen beim Wiederkäuen und mit ihrem Kot und Urin in rauen Mengen Methan aus. Dieses Gas wirkt in der Atmosphäre mehr als 20-mal so klimaschädlich wie CO_2! Und wer jetzt noch nicht überzeugt ist: Schaut mal hin, wie Wurst oder Milch häufig produziert wird und wie es den Tieren dabei ergeht. Nicht gut! Deshalb setzen sich immer mehr Menschen gegen Massentierhaltung und für artgerechte Haltung ein. Manche fangen sogar an, ganz auf tierische Produkte zu verzichten. Was man noch alles tun kann? Das erfahrt ihr auf den nächsten Seiten.

INFOGRAFIK

WIE VIEL WASSER STECKT IM ESSEN?

Pflanzen anzubauen und Tiere zu halten, benötigt Platz und Energie. Dünger und Pestizide belasten die Natur. Das ist den meisten Menschen klar. Was nicht jeder weiß: In vielen Lebensmitteln steckt auch jede Menge Wasser! Das gilt vor allem für tierische Produkte. Hier muss man etwa den Bedarf für den Anbau des Futters, für die Tiere selbst und für die Weiterverarbeitung miteinrechnen.

TOMATEN
186 Liter

sind für **1 KILOGRAMM** nötig. Problematisch: Ein Großteil unserer Tomaten kommt aus Südspanien, wo es sehr trocken und die Bewässerung daher extrem aufwendig ist.

MÖHREN
131 Liter

für die Produktion von **1 KILOGRAMM** sind tatsächlich vergleichsweise wenig!

KÄSE
500 Liter

stecken durchschnittlich in 100 GRAMM, das sind ungefähr 3 Scheiben.

RINDFLEISCH
1.550 Liter

sind für 100 GRAMM Rindfleisch nötig. 1.530 Liter davon werden allein für das Futter verbraucht!

HUHN
390 Liter

braucht man, um 100 GRAMM Hühnerfleisch zu erzeugen. Viel, aber deutlich weniger als für Rindfleisch!

MILCH
1.000 Liter

stecken sage und schreibe in 1 LITER Milch! Das meiste geht wiederum für die Versorgung der Kühe drauf.

EI
200 Liter

werden für 1 EI benötigt. Überlegt mal, was das für eine Zehnerpackung bedeutet!

SCHOKOLADE
1.720 Liter

stecken in 1 TAFEL von nur 100 Gramm Gewicht!

APFELSAFT
950 Liter

sind in 1 LITER Apfelsaft geflossen. Ein mittelgroßer Apfel schlägt allein mit gut 100 Litern zu Buche.

REIS
3.067 Liter

werden für 1 KILOGRAMM geschälten Reis benötigt. Ungeschälter Reis kommt mit »nur« 2.300 Litern aus.

= 50 Liter

MARTIN HÄUSLING

DA SUMMT, BRUMMT UND ZWITSCHERT ES RICHTIG!

Biobauer und Europapolitiker Martin Häusling erklärt, warum sich selbst Rebhühner über biologische Landwirtschaft freuen

WER HEUTE AUF DEM LAND unterwegs ist, sieht dort vor allem aufgeräumte und ordentliche Äcker und Felder. Wir sind daran schon so gewöhnt, dass viele Menschen nicht einmal ahnen, dass da sehr viel auf den Feldern fehlt: Insekten und Vögel zum Beispiel.

Bis vor 15 bis 20 Jahren setzte die moderne Landwirtschaft fast ausschließlich auf große Erträge. Die Bauern düngten, damit die Pflanzen besser und schneller wachsen, sie spritzten giftige Pestizide auf die Felder, um lästige Insekten und unliebsame Pflanzen loszuwerden. Doch solche Felder bieten keinem Tier noch einen natürlichen Lebensraum – und sie verschwinden mehr und mehr.

Ich fragte mich damals schon lange: Kann es denn richtig sein, sich Essen von Feldern zu holen, auf denen sonst überhaupt nichts mehr lebt? Können Düngemittel und Pestizide für uns Menschen gesund sein, die für Insekten und bestimmte Pflanzen giftig sind? Meine Antwort war ganz klar: Nein! Natur und Landwirtschaft müssen miteinander existieren und nicht gegeneinander! Kritische junge Menschen haben bereits in den 1980er-Jahren ausprobiert, ob eine natürlichere Landwirtschaft eine Chance hat. Denn vieles, was unsere Eltern damals einfach hinnahmen, hat uns junge Menschen geärgert. Wir haben viel diskutiert, und viele Ideen wurden ausprobiert.

MARTIN HÄUSLING, geboren 1961, sitzt seit mehr als zehn Jahren für die Grünen im Europaparlament. Sein Schwerpunktthema ist die Landwirtschaft. Dabei geht er mit gutem Beispiel voran: Den eigenen Hof südlich von Kassel bewirtschaftet er schon seit über 30 Jahren biologisch.

Ich habe mich in dieser Zeit zum Beispiel dazu entschlossen, den Bauernhof meiner Eltern auf ökologische Landwirtschaft umzustellen. Das war nicht leicht, weil es bedeutete, alles anders zu machen als die anderen Bauern. Zwar zeigen sich Erfolge in der Landwirtschaft nur langsam. Doch unsere wachsende Kundenzahl bewies uns von Anfang an, dass wir richtig liegen. Es lohnt sich also, sich eine eigene Meinung zu bilden und Neues – auch gegen Widerstände – zu wagen.

MEINE ERFAHRUNG ist ganz klar: Ökolandbau funktioniert. Die Ernte ist etwas geringer, aber die Qualität ist besser und die Pflanzen sind robuster, halten etwa in Trockenzeiten länger durch.

Und was noch viel wichtiger ist: Auf Bio-Äckern summt, brummt und zwitschert es richtig. Sie bieten den Wildkräutern, Wildbienenarten und anderen Insekten sowie Feldvögeln wie Rebhühnern natürliche Inseln, von denen aus sie sich hoffentlich wieder ausbreiten können. Das heutige Artensterben ist nämlich genauso bedrohlich wie der Klimawandel.

Am Ende muss klar sein: Nur eine an die Natur angepasste, vielfältige Landwirtschaft erhält unsere Lebensgrundlagen. Und diese Landwirtschaft brauchen wir jetzt und nicht erst in 100 Jahren.

INFORMATION

VIELFALT HILFT

Endlose Flächen, auf denen Mais, Weizen oder Gemüse wächst, das sind typische Bilder auf dem Land. Doch das ist nicht unbedingt gut für Natur und Mensch. Hier ein paar Beispiele, wie es anders geht.

ARCHE NOAH AUF DER WIESE

Streuobstwiesen gehören mit zuweilen mehr als 5.000 Tier- und Pflanzenarten zu den artenreichsten Lebensräumen in Mitteleuropa. Dabei sind sie keine natürlichen, sondern vom Menschen geschaffene Kulturlandschaften. Diese wurden einst angelegt, um Obst anzubauen, das Land dazwischen als Weideland beispielsweise für Schafe zu nutzen und nebenher Honig zu gewinnen. Im Gegensatz zu Obstplantagen werden kaum Pestizide und Dünger eingesetzt, und es wachsen hier viele verschiedene oftmals auch alte Obstsorten an hochstämmigen Bäumen – was in den großen Plantagen so gut wie gar nicht stattfindet. Deshalb sind die Streuobstwiesen auch wichtig, um alte Obstsorten zu bewahren.

WILDKRAUT NICHT UNKRAUT!

Löwenzahn im Rollrasen, Vogelmiere zwischen den Erdbeeren oder Brennnessel im Brombeerbusch? Für viele Menschen eine schreckliche Vorstellung: alles Unkraut, weg damit! Schade drum, denn in Wahrheit sind diese Unkräuter Wildkräuter und oftmals lecker und gesund. Vogelmiere schmeckt nussig im Salat, Löwenzahnblüten ergeben dazu eine hübsche Deko. Aus Brennnessel kann man Brotaufstrich oder Suppe herstellen. Wirklich! Und keine Angst: Wenn ihr die Brennnesselblätter kurz mit kochendem Wasser übergießt, brennen sie nicht mehr. Übrigens: Auch Schmetterlinge, Bienen und andere Insekten freuen sich über die Wildkräuter im Garten – und brauchen diese sogar nötiger als wir!

BUNTER TOMATENSALAT

Sie heißen die Blaue, Sonnenherz und Green Zebra, sind alle nicht rot – und trotzdem Tomaten. Jenseits der Standardware aus dem Supermarkt gibt es eine große Vielfalt an andersfarbigen und -geformten Tomatensorten. Sie sehen nicht nur ungewohnt aus, sondern sind oft auch im Geschmack und in der Konsistenz anders. Mal schmelzend-saftig oder zart-lieblich, mal rund oder lang. Die Sortenvielfalt bei Tomaten – und auch bei anderem Gemüse und Obst – ist nicht nur eine Bereicherung für unsere Augen und Gaumen. Die Vielfalt hilft auch, um gegen Pflanzenkrankheiten und Klimawandel gewappnet zu sein. Zum Beispiel gibt es Tomatensorten, die gut mit Trockenheit und andere, die mit viel Regen zurechtkommen.

DIE GANZE ERNTE AUF DEN TELLER!

Zwischen 20 und 40 Prozent der gesamten Ernte landen nicht im Laden – sondern direkt auf dem Müll. Nur, weil sie nicht das gewünschte Aussehen haben: Die Gurke ist zu krumm oder die Zucchini verhagelt. Das wollen die meisten Leute nicht kaufen. Allerdings regt sich langsam Widerstand gegen diese unglaubliche Verschwendung, und immer mehr Menschen sehen ein, dass auch die ausgebeulte Kartoffel gut schmeckt – und die dreibeinige Möhre sogar ziemlich toll aussieht. Daher findet man dieses »Misfits« genannte Gemüse zum Glück langsam immer häufiger im Gemüseregal.

PLATZ FÜR BIOSPRIT

Auf dem Acker wächst nicht nur Essbares für uns und für die Tiere. Soja, Mais und anderes Getreide werden auch angebaut, um Bio-Treibstoff für Autos und Biomasse für Wärme und Strom zu liefern. Das ist einerseits toll, da dies eine Alternative zu fossilen Brennstoffen wie Erdöl ist. Andererseits ist der Platz für den Anbau begrenzt. Oft werden durch die Erschließung neuer Flächen wichtige Lebensräume von Tieren zerstört. Manchmal konkurrieren Energiepflanzen auch mit denen, die für den Verzehr gedacht sind. Daher ist es gar nicht so leicht zu beurteilen, ob Biosprit nun wirklich so toll ist oder nicht.

BANANEN AUF AUGENHÖHE

Vieles, was wir billig kaufen können, wird zu ungerechten Bedingungen produziert. Am Beispiel der Bananen erfahrt ihr, was unfair daran ist – und wie ein fairer Handel funktionieren kann.

BANANEN SIND HIERZULANDE eine der meist gegessenen Obstsorten, nur wachsen können sie bei uns nicht. Sie brauchen ein wärmeres und feuchteres Klima und gedeihen deshalb vor allem in Äquatornähe. Dort dann meistens auf Plantagen – riesigen Feldern, auf denen nichts anderes angebaut wird. Weil solche Monokulturen anfällig für Krankheiten und Schädlinge sind, müssen dort viele Pestizide, also Giftstoffe, eingesetzt werden. Davon werden aber oft auch Menschen krank. Die Menschen nämlich, die auf den Plantagen arbeiten. Darüber dürfen sie sich aber nicht einmal beschweren. Es ist ihnen verboten, sich zu organisieren und sich für bessere Arbeitsbedingungen einzusetzen.

Hinzu kommt, dass die Plantagenarbeiter meist mies bezahlt werden. Obwohl sie bis zu 15 Stunden am Tag arbeiten, reicht das Geld kaum zum Leben. Der Preis für Bananen ist nicht stabil und wird von denen gedrückt, die damit Geschäfte machen: den Großhändlern, Zwischenhändlern und Supermärkten.

BEI SO VIELEN, DIE MITVERDIENEN wollen, bleibt unterm Strich kaum etwas für die Bauern übrig. Und Bauern mit wenig eigenem Land, die nicht so viele Bananen anbauen, können schon gar nicht mithalten. Sie sind schnell pleite, wenn der Preis in den Keller geht. Aber deswegen jetzt keine Bananen mehr essen? Auch keine Lösung. Für uns nicht, für die Bauern nicht. Zum Glück gibt es »Fair Trade« – den fairen Handel. Beim fairen Handel wird versucht, zwischen den Erzeugern und Händlern eine langfristige, gleichberechtigte Beziehung aufzubauen. Dabei geht es vor allem

um einen gerechten Preis, faire Arbeitsbedingungen und gewisse Sozial- und Umweltstandards.

Ein gerechter Preis heißt, dass alle am Handel Beteiligten davon leben können. Sie sollen in der Lage sein, Essen, Wasser, Wohnung, Kleidung und Bildung vom Lohn zu bezahlen. Und es sollte auch ausreichen, um sich medizinisch versorgen und Geld für Notfälle sparen zu können. Ein fairer Lohn heißt auch, dass Männer und Frauen für dieselbe Arbeit dieselbe Bezahlung erhalten. Das ist übrigens selbst in Deutschland nicht immer der Fall!

DIE FAIR-TRADE-ORGANISATIONEN unterstützen die Kleinbauern auch mit Krediten, wenn etwa neue Maschinen angeschafft werden müssen. Oder sie bieten Weiterbildungen an, beispielsweise zu biologischer Landwirtschaft. Achtung: Das heißt nicht, dass fair gehandelte Produkte automatisch »bio« sind. Wenn ihr das wollt, achtet darauf, dass die Bananen neben dem Fair-Trade-Siegel auch ein Bio-Siegel tragen.

Beim fairen Handel sind außerdem Kinderarbeit und Zwangsarbeit verboten. Arbeiter und Arbeiterinnen werden dabei unterstützt, dass sie sich organisieren und gemeinsam für ihre Rechte einstehen. Die Kleinbauern organisieren sich oft zu sogenannten Kooperativen und arbeiten mit den fairen Handelsorganisationen zusammen und das möglichst auf Augenhöhe.

Und was könnt ihr tun? Ganz klar, beim nächsten Bananenkauf darauf achten, dass die Früchte ein solches Siegel tragen. Beispiel dafür sind: *BanaFair, Gepa, El Puente* oder *Transfair.*

INFORMATION

TRENDS UND SCHÄTZE

Gemüse und Obst? Klar, die bauen Landwirte auf ihren Feldern an, irgendwo weit außerhalb der Städte. Aber es gibt auch immer mehr Menschen, die ihre eigenen Tomaten und Küchenkräuter züchten. Warum das sogar dem Klima helfen kann? Das und manches mehr erfahrt ihr hier.

OBST UND GEMÜSE AUS DER STADT

Habt ihr schon mal selbst Erdbeeren oder Tomaten angebaut? Dazu braucht ihr nicht mal einen eigenen Garten. Ein bisschen Platz im Innenhof, ein Balkon oder eine Terrasse gehen auch. An immer mehr Orten tun sich auch Menschen zusammen und bewirtschaften gemeinsam Flächen, die ihnen die Stadt zur Verfügung stellt. Das heißt dann »Urban Gardening«. Große Vorkenntnisse braucht man nicht. Beim Ausprobieren und Gärtnern lernt ihr sowieso am besten, wie die Pflanzen wachsen und könnt später euer eigenes Obst oder Gemüse ernten und essen. Voll ökologisch und frisch.

LUFTIGE OASEN MITTEN IN DER STADT

Eine besondere Variante des Stadtgärtnerns ist die auf dem Dach. Funktioniert, zugegeben, nur auf Flachdächern. Ist aber sogar mehr noch, als eine gut erreichbare Anbaufläche für Kräuter und Gemüse. Dachgärten leisten auch einen wichtigen Beitrag zum Klimaschutz. Denn Pflanzen binden Kohlendioxid und Feinstaub und speichern Wasser. Bei großer Hitze ist das eine Erfrischung. Denn die Pflanzen geben durch ihre Poren in den Blättern Feuchtigkeit ab. Das fühlt sich für uns erfrischend an. Und sogar für das Gebäude kann das wie eine natürliche Klimaanlage wirken!

DAS BRUMMEN UND SUMMEN ES IN DER STADT

Ob auf Dächern von Hochhäusern, in Innenhöfen oder Parks – es gibt immer mehr Stadtbienen! Auch auf vielen privaten Balkonen haben die Bienen inzwischen ein Zuhause gefunden. Und kein schlechtes: In der Stadt finden Honigbienen tatsächlich reichhaltige Nektarquellen. Und im Gegensatz zum ländlichen Raum gibt es hier keinen großflächigen Einsatz von Pestiziden, die die Bienen krank machen oder gar töten. Übrigens: So neu ist der Trend nicht, schon früher waren vor allem Pastoren und Lehrer Stadtimker. Heute lernen immer mehr Leute, wie das mit den Bienen geht.

GEMÜSE AUS DER HOCHHAUSFARM

Platzsparender Salatanbau mitten in der Stadt: Beim »Vertical Farming« gedeihen Gemüse und Früchte über mehrere Ebenen geschichtet in riesigen Regalen. Sie können unter solchen Gewächshausbedingungen das ganze Jahr über wachsen und geerntet werden. Auch wenn dadurch erst mal mehr Energiekosten etwa für die künstliche Beleuchtung anfallen, stecken einige Firmen und Projekte Hoffnung in dieses Konzept, weil sich so auf relativ wenig Fläche relativ viel anbauen lässt. So kann vielleicht eine ganze Stadt aus der Stadt selbst versorgt werden. Und das spart natürlich am Ende jede Menge Energie, die sonst zum Beispiel für den Transport aufgewendet werden müsste, und damit auch jede Menge Kohlendioxid.

SARAH WIENER

WAS FÜR EINE VERSCHWENDUNG!

Die bekannte Köchin Sarah Wiener erklärt, warum so viel Essen im Müll landet – und hat Ideen, was wir dagegen unternehmen können.

WIR WERFEN VIEL ZU VIELE Lebensmittel weg, rund elf Millionen Tonnen landen allein in Deutschland jedes Jahr im Müll. Das sind ungefähr 81 Kilogramm Lebensmittel pro Kopf und Jahr. Also jede Woche etwa eineinhalb Kilo! Wie kann das sein?

Die Gründe sind tatsächlich vielfältig. Lebensmittel sind beispielsweise häufig viel zu billig und werden darum nicht mehr wertgeschätzt. Es gibt ein Mindesthaltbarkeitsdatum, nach dessen Ablauf Waren schon vom Handel aussortiert werden, obwohl sie meist noch sehr gut sind. Dazu kommt, dass wir oft eher mit den Augen einkaufen und kaum nach dem Geschmack gehen. Das heißt, wenn die Möhre krumm und schief, der Apfel zu klein oder zu groß ist, werden sie nicht genommen.

Auch ein wichtiger Punkt: Alles soll rund um die Uhr verfügbar sein, so dass selbst am Abend, kurz vor Ladenschluss, die Regale noch voll sind – und der Rest dann über Nacht aussortiert werden muss.

UND DANN ÜBERPRÜFT EUCH – oder eure Eltern – einmal selbst: Kaum jemand geht noch mit einem Einkaufszettel los. Wir wissen nicht mehr, was wir im Kühlschrank haben, und kaufen dann zu viele Dinge, die wir nicht verbrauchen können. Und wenn wir glauben, wir verhungern gleich und deshalb dann doppelt so viel kochen, landen die Reste am Ende nicht selten doch noch im Mülleimer. Auch doof: Oft kann man Lebensmittel nicht lose kaufen, sondern nur fertig verpackt. Das erzeugt nicht nur vielfach unnötigen Verpackungsmüll. Die Packungsgrößen passen auch nicht immer zu unserem Bedarf. Was zu viel ist, endet dann schnell als Abfall. Dazu kommt, dass viele Lebensmittel falsch gelagert

SARAH WIENER, geboren 1962, ist eine der bekanntesten Köchinnen im deutschsprachigen Raum. Sie betreibt mehrere Restaurants, veröffentlicht Bücher und ist viel im Fernsehen zu sehen. Bereits 2007 gründete sie die »Sarah Wiener Stiftung«, deren Ziel es ist, Kindern ausgewogene und gesunde Ernährung schmackhaft zu machen. Mehr dazu: www.sw-stiftung.de

werden und deshalb schneller verderben. Und schließlich sind da noch die strengen Hygienevorschriften für Kantinen, Restaurants oder Schulen, die die Wiederverwertbarkeit von Lebensmitteln sehr schwer oder gar unmöglich machen.

Immerhin: Die EU hat sich zum Ziel gesetzt, die Verschwendung bis 2030 um die Hälfte zu reduzieren. In einem ersten Schritt sollen deshalb verschiedene Normen abgeschafft werden, die etwa regeln, wie Obst und Gemüse auszusehen haben, um in den Handel gelangen zu dürfen. Es gibt ja auch wenig gute Gründe, warum man nicht auch krumme Möhren und zu kleine Äpfel kaufen können sollte.

EIN GROSSES PROBLEM BLEIBT das Mindesthaltbarkeitsdatum. Es bedeutet ja eben nicht, dass ein Lebensmittel nach Ablauf schlecht ist – sondern nur dass bis zum aufgedruckten Datum die Qualität dieselbe bleibt und danach abnimmt. Oder besser: abnehmen kann! 2019 hat die Umweltschutz-Organisation Greenpeace in Österreich acht Lebensmittel untersucht, deren Datum schon zwei Wochen abgelaufen war. Sieben davon waren noch einwandfrei und unverändert! Eine mögliche Alternative zum Mindesthaltbarkeitsdatum wäre die Kennzeichnung von Lebensmitteln mit einem Verbrauchsdatum. Das bedeutet: Danach bitte Vorsicht, es könnte schlecht sein. Aber auch das zeigt wieder: Regeln und Gesetze können einiges bewirken. Am Ende aber kommt es auf jeden einzelnen von uns an!

Und noch etwas zum Schluss: Achtet darauf, dass eure Grundzutaten nicht nur ökologisch erzeugt sind – sondern am Besten auch aus der Gegend stammen. Das spart den energieaufwendigen Transport quer durch die Welt.

RESTE-REZEPTE

von Sarah Wiener

GETROCKNETE GEMÜSEBRÜHE

Dazu eignet sich eigentlich alles, was an Gemüseresten in der Küche anfällt: Zwiebelschalen, Knoblauchreste, Kohlrabiblätter, Kartoffel- und Karottenschalen, das Grüne vom Lauch und die Wurzelansätze …

Und so geht's:

- Gemüsereste gut putzen, möglichst klein schneiden und auf ein Backblech verteilen.
- Nach Geschmack und Belieben Salz und Gewürze hinzugeben.
- Das Blech zum Trocknen zum Beispiel auf die Fensterbank (im Sommer) oder Heizung (im Winter) stellen. Alternativ könnt ihr die Gemüsereste auch bei 50 Grad im leicht geöffneten Backofen trocknen lassen.
- Sind die Reste durchgetrocknet, kommen sie in ein sauberes, verschließbares Glas und sind darin quasi unbegrenzt haltbar. Ihr habt nun eine super Grundlage für eine Gemüsesuppe. Also einfach in kochendes Wasser geben und nach Lust und Laune mit weiteren Zutaten ergänzen. Zum Beispiel die gekochten Nudeln vom Vortag nehmen: Ist köstlich und kostet nichts.

ARME RITTER

Trockenes Brot macht sich nicht nur im herzhaften Salat gut. Aus altem Weißbrot oder Hefezopf könnt ihr auch ein leckeres süßes Gericht zubereiten: Arme Ritter.

- Verquirlt etwas Milch mit einem Ei und schneidet das Brot in Scheiben.
- Wendet jede Scheibe Brot in der Milch-Ei-Masse, bevor ihr sie in einer Bratpfanne mit Öl oder Butter goldbraun bratet.

Die Arme Ritter schmecken köstlich mit Marmelade, Schokocreme oder einfach Zucker.

BROTSALAT

Brot, das schon paar Tage alt ist, kann hart sein und öde schmecken. Aber im Brotsalat wird es zu einer wichtigen Grundzutat. Neben dem Brot kommt einfach rein, was ihr in der Küche an leckerem Salatgemüse findet. Tomaten, Gurken und so.

- Schneidet alle Zutaten – auch das Brot – in mundgerechte Stücke und gebt sie in eine Schüssel.
- Dann stellt eine Salatsoße aus Fruchtsaft, Essig und Öl her. Fügt Salz und Pfeffer hinzu.
- Wer's mag, rührt nun gehackte Zwiebeln und Kräuter unter die Salatsoße.
- Dann Soße über Brotwürfel und Gemüse geben, vermengen und ein wenig durchziehen lassen.

Noch ein Reste-Tipp: In Gläsern mit eingelegten Oliven oder Tomaten bleibt oft jede Menge würziges Öl übrig. Das gibt eine geniale Grundlage für Salatsoßen ab!

LUST AUF MEHR?

Strunke, Blätter, Schalen: Es ist erstaunlich, was man bisher für Müll hielt, sich aber prima noch zu Essbarem verwerten lässt. Die App »Zu gut für die Tonne« für Smartphones und Tablets enthält mittlerweile 550 Rezepte für die Resteküche. Die Rezepte stammen unter anderem von Sarah Wiener, aber auch anderen bekannten Köchen wie Tim Mälzer, dem Schauspieler Daniel Brühl und vielen anderen.

ANDREA PALUCH

VEGANE ERNÄHRUNG IST EINE POLITISCHE HANDLUNG

Die Schriftstellerin Andrea Paluch beschreibt, was die Wurst auf unserem Teller mit ausgetrockneten Flüssen und verseuchter Erde zu tun hat.

AUF TIERISCHE PRODUKTE ZU verzichten ist schwierig. Besonders wenn man sich nicht selbst um das Essenmachen kümmert. Dabei gibt es etliche gute Gründe dafür. Der offensichtlichste ist das Leid, das mit der Haltung und Tötung von Tieren einhergeht. Die jährlichen Schlachtzahlen sind sehr hoch. Unvorstellbar hoch. Das macht es einfach, die Sache zu verdrängen. Denn was man sich nicht vorstellen kann, ergibt auch kein Bild im Kopf. Wer sich ein Bild machen möchte, kann sich einfach ein paar Videos aus Schlachthöfen im Netz ansehen. Danach dachte ich das erste Mal: nicht für mich!

Da sind etwa die Abermillionen Schweine hinter den verschlossenen Türen der Mastanlagen. Diese intelligenten Tiere mit ausgesprochen hoch entwickeltem Geruchssinn werden in bestialischem Gestank eingepfercht. Kühe sieht man ja wenigstens noch manchmal auf der Weide. Das wirkt idyllisch. Was man nicht sieht, ist die Grausamkeit der Trennung von Mutter und Kalb gleich nach der Geburt; ist die Überzüchtung, damit die Kühe noch mehr Milch produzieren. Sie bekommen dadurch gesundheitliche Schäden und haben eine geringere Lebenserwartung. Sie werden getötet, wenn ihre Höchstleistung abnimmt. Aber nicht für mich.

EIN WEITERER GRUND, WARUM ich auf tierische Produkte verzichte: Die schiere Masse an Schweinen, Rindern und Hühnern erzeugt eine Unmenge an Gülle, die der Boden nicht in vollem Maße aufnehmen kann. Etwas Gülle ist Dünger, viel Gülle verseucht unser Trinkwasser! Auch die Ausdünstungen der Tiere sind so hoch, dass sie messbar zum Klimawandel beitragen. Bei uns gibt es also mehr Tiere, als Wasser, Boden und Luft vertragen. Und wieder denke ich: nicht für mich.

ANDREA PALUCH, geboren 1969, schrieb ihre Doktorarbeit über zeitgenössische englische Dichtung. Inzwischen hat sie sich auch selbst als Autorin vor allem von Kinder- und Jugendbüchern einen Namen gemacht, viele davon veröffentlicht sie gemeinsam mit Robert Habeck.

Weiter: Es gibt in Deutschland gar nicht genug Futter für so viele Tiere, eine Menge davon wird aus Südamerika eingeführt. Dort werden Bauern vertrieben und Regenwald abgeholzt, um riesige Sojaplantagen anzulegen. Das einträgliche Geschäft macht einige Wenige reich und stürzt viele Tausend Menschen in Hunger und Armut. Noch dazu werden die Felder mit giftigen Schädlingsbekämpfungsmitteln besprüht, von denen die Menschen krank werden, die dort leben. Und der Wasserverbrauch für die Futterproduktion ist so hoch, dass Flüsse austrocknen und der Grundwasserpegel sinkt. Also löst unser Essverhalten schlimme globale Probleme aus.

ICH WAR LANGE DAVON ausgegangen, dass eine Kuh erst Milch gibt, dann geschlachtet und gegessen wird, wobei ihre Haut zusätzlich noch als Leder dient. Wenigstens wird das komplette Tier benutzt, dachte ich. Das ist leider ein Irrtum: Für jedes menschliche Bedürfnis wurden eigene Sorten gezüchtet. Es gibt Milchkühe, es gibt Fleischkühe und es gibt Kühe, die nur für das Leder existieren. Es gibt Hühner, die Eier legen sollen. Die männlichen Küken werden nicht gebraucht und kommen in den Schredder. Andere Arten sind zum Essen da, von denen wiederum braucht man nur die männlichen Tiere.

Glauben Menschen wirklich, Tiere seien keine Wesen, denen man mit Respekt begegnen muss? Mal davon abgesehen, dass eine rein pflanzliche Ernährung gesünder und die Massentierhaltung schlecht für Klima und Umwelt ist. Ich finde, sich für eine vegane Lebensweise zu entscheiden ist eine krass politische Handlung, bei der man Veränderung nicht nur fordert, sondern bereits umsetzt.

BENJAMIN ADRION, geboren 1981, war Fußballprofi unter anderem beim VfB Stuttgart und dem FC St. Pauli. Noch während seiner Sportlerkarriere gründete er 2005 »Viva con Agua«. Wichtigstes Ziel des Projektes ist die Verbesserung der Trinkwasserversorgung in Entwicklungsländern, vor allem von Kindergärten und Schulen.
Mehr unter: www.vivaconagua.org

BENJAMIN ADRION

ES MACHT EINFACH SPASS!

Viele Menschen auf der Erde können nicht einfach den Hahnaufdrehen, um an sauberes Wasser zu kommen. Das wollte Benjamin Adrion ändern. Er hat seine Karriere als Fußballprofi aufgegeben und den Verein »Viva con Agua de Sankt Pauli« gegründet.

ES IST EIN TOLLES GEFÜHL, zu sehen, wie das Wasser sprudelt. Es erfüllt mich mit Freude und auch ein bisschen mit Stolz, wenn ich die Menschen dabei beobachte, wie sie jubeln und tanzen, wie sie sich das Wasser ins Gesicht spritzen, direkt aus dem Brunnen trinken und sich waschen und abkühlen.

Wasser ist Leben – und es ist ein Menschenrecht! Jeder sollte Zugang zu sauberem Trinkwasser haben. Leider ist das nicht der Fall: Fast 600 Millionen Menschen auf der Erde – das sind mehr als in der ganzen EU leben – müssen ihr Wasser aus völlig ungeschützten Quellen oder Flüssen und Seen schöpfen. Das ist gefährlich, da das Wasser häufig verunreinigt ist und krank macht.

Als mir klar wurde, dass nicht alle Menschen immer genug Wasser zur Verfügung haben, war ich noch Fußballprofi beim FC St. Pauli in Hamburg. In der Winterpause waren wir mit der ganzen Mannschaft in einem Trainingslager auf Kuba, einem Inselstaat in der Karibik. Mehr als 15 Jahre ist das her. Wir haben dort nicht nur Fußball gespielt, sondern auch Schulen besucht – und ich habe gesehen, dass die Kinder nach dem Sportunterricht nichts trinken konnten. Das geht doch nicht, habe ich gedacht. Und weil der FC St. Pauli ein Verein aus einem besonderen Stadtteil ist und viele Fans hat, die dafür sind, dass es allen Menschen gut geht und alle gleich behandelt werden, habe ich nach unserer Rückkehr ganz vielen Menschen in Sankt Pauli von den Kindern auf Kuba erzählt.

GANZ EHRLICH, ICH HABE NICHT für möglich gehalten, was dann passierte: Alle haben mitgemacht und Geld gesammelt, um die Schulen auf Kuba zu

unterstützen. Omas haben Mützen gestrickt und verkauft, Schulen haben Spendenläufe veranstaltet, prominente Musiker haben Konzerte gespielt und die Einnahmen gespendet, andere Prominente haben auf Trikots und Fußbällen unterschrieben und diese versteigert. So kamen 50.000 Euro zusammen. Krass! Das war ein tolles Gefühl – und es hat mir gezeigt, dass es richtig viel Spaß machen kann, sich für andere Menschen einzusetzen. Davon wollte ich mehr! Ein Jahr später habe ich mit dem Fußballspielen aufgehört und »Viva con Agua« gegründet.

Am Anfang musste ich viele Sachen lernen und habe viele neue Erfahrungen gesammelt. Das war anstrengend, und manchmal hatte ich keine Lust mehr. Aber es war auch aufregend und interessant und ich habe gemerkt, dass man wirklich etwas verändern und bewirken kann, wenn man sich mit anderen zusammentut – und dass es Spaß macht. Das ist wichtig: Wenn man sich für andere Menschen einsetzt, dann sollte es Spaß machen. Denn dann machen umso mehr Menschen mit. Und je mehr Menschen mitmachen, desto mehr Ideen für tolle Aktionen entstehen. Deswegen haben wir »Viva con Agua« von Anfang an so aufgebaut, dass jeder seine Ideen einbringen kann – und dass alle, die mitmachen und sich engagieren, davon profitieren, mindestens dadurch, dass es ihnen Freude bereitet.

MITTLERWEILE IST AUS DEM kleinen Verein eine richtig große Gemeinschaft geworden. Es gibt in über 50 deutschen Städten Gruppen, die lustige Aktionen planen, um Spenden zu sammeln. Zum Beispiel veranstalten sie Floßrennen oder Tischtennis-Rundlauf-Turniere oder gehen auf Konzerte und sammeln Pfandbecher. Viele

Schulen veranstalten Run4WASH, das sind Spendenläufe. Während der Coronakrise konnte manches davon natürlich nicht stattfinden. Deshalb haben wir viele digitale Aktionen gemacht, Live-Streams und Online-Konzerte veranstaltet. Und wir haben angefangen, Masken zu verkaufen, um auf diese Weise Spenden zu sammeln.

»Viva con Agua« gibt es inzwischen schon in der Schweiz, in Österreich, in Uganda und in Südafrika. Dass wir auch auf dem afrikanischen Kontinent sind, freut mich besonders. Denn dort leben die meisten Menschen, die kein sauberes Wasser zur Verfügung haben – und die wissen ja am allerbesten, was sie am dringendsten benötigen und wie man dort Leute dazu bewegen kann sich zu engagieren.

WIR BESUCHEN HÄUFIG die Menschen vor Ort, denen sauberes Wasser fehlt, und haben festgestellt, dass es etwas gibt, dass uns alle verbindet: Musik, Kunst und Sport. Das kann man nämlich alles super gemeinsam machen, jeder versteht es, es bringt viel Spaß und man lernt sich schnell kennen, obwohl man nicht die gleiche Sprache spricht. Wir sind ja oft unterwegs und besuchen zum Beispiel Schulen. Damit es dort fließendes Wasser gibt und die Kinder trinken und sich nach der Toilette die Hände waschen können, bauen wir Brunnen oder neue Toiletten und Handwaschanlagen. Dann tanzen, malen und spielen wir auch ziemlich viel. Genauso, wie wenn wir hier in Deutschland Spendenaktionen machen. Ihr merkt: Sich für etwas einzusetzen kann großen Spaß machen – und von dem schönen Gefühl, das ich habe, wenn ich das Ergebnis sehe, wenn nämlich das Wasser sprudelt, davon habe ich ja schon am Anfang erzählt.

WER ENGAGIERT SICH NOCH?

Für faire Landwirtschaft demonstrieren? Lebensmittel retten und an die verteilen, die sie nötig haben? Die Möglichkeiten, sich in Fragen der Ernährung zu engagieren, sind groß!

AGRARWENDE SELBST GESTALTEN

Vielfältige Landwirtschaft, gesundes und frisches Gemüse erzeugen und die Natur- und Kulturlandschaft pflegen? Das wollen Menschen, die Solidarische Landwirtschaft betreiben. Die Lebensmittel werden dabei nicht mehr über Märkte oder Geschäfte gehandelt, sie gehen in einen eigenen Wirtschaftskreislauf, der von den Verbrauchern und Verbraucherinnen mitorganisiert und finanziert wird. Im **NETZWERK SOLIDARISCHE LANDWIRTSCHAFT** haben sich Menschen zusammengetan, die sich für die Verbreitung von Solidarischer Landwirtschaft einsetzen. Mehr dazu auf www.solidarische-landwirtschaft.org

ESSEN IST POLITISCH

Seit 2011 gehen Tausende Bäuerinnen und Bauern, Natur-, Umwelt- und Tierschützerinnen, Aktive in der Entwicklungszusammenarbeit, engagierte Jugendliche und kritische Bürgerinnen und Bürger jeden Januar mit der Großdemonstration **WIR HABEN ES SATT!** auf die Straßen. Viele Bauern fahren dabei mit ihren Treckern mit. Der Protest richtet sich gegen die industrielle Landwirtschaft, gegen Massentierhaltung und macht sich für eine Wende hin zu einer nachhaltigen Landwirtschaft stark. Mehr als 50 Organisationen tragen den Protest mit, darunter der Bund für Umwelt und Naturschutz, Demeter, Slow Food Deutschland, die Arbeitsgemeinschaft bäuerliche Landwirtschaft – und viele mehr, die ihr alle unter www.wir-haben-es-satt.de findet. Da steht auch, wie ihr euch beteiligen könnt, wenn ihr wollt.

ESSEN VERTEILEN

Die **TAFELN** retten Lebensmittel, die sonst von Restaurants oder Supermärkten weggeworfen würden, und verteilen sie an Bedürftige. Also an Menschen, die zu wenig Geld haben, sich davon selbst zu versorgen. In Deutschland sind die Tafeln seit 1993 aktiv, und inzwischen gibt es mehr als 940 davon, wo über 60.000 Menschen ehrenamtlich mithelfen. Das macht die Tafeln zu einer der größten sozialen Bewegungen hierzulande. Einige Tafeln bieten neben dem Essen auch anderes an, zum Beispiel Kleidung oder Möbel. Außerdem sind sie ein Ort, wo sich Menschen treffen und austauschen können. Die Tafeln sind übrigens keine deutsche Erfindung. In englischsprachigen Ländern werden sie »Food Banks« genannt, die erste wurde bereits 1963 in Phoenix in den USA gegründet.

ZUSAMMEN LEBENSMITTEL RETTEN

Seit 2012 gibt es die Initiative **FOODSHARING.DE**, die sich gegen Lebensmittelverschwendung einsetzt. Die Menschen, die hier mitmachen, retten Lebensmittel in privaten Haushalten und auch aus kleinen und großen Läden, die sonst im Müll landen würden. Auch ihr könnt Teil der Foodsharing-Community werden. Über die Website vernetzen und koordinieren sich alle, die Lebensmittel retten oder teilen wollen. Inzwischen ist daraus eine internationale Bewegung mit über 200.000 Menschen geworden, die in Deutschland, Österreich, der Schweiz und anderen europäischen Ländern aktiv ist.

BITTERSÜSSE SCHOKOLADE

Der Kakao für unsere Schokolade wird von Kleinbäuerinnen und -bauern meist zu unwürdigen Lebens- und Arbeitsbedingungen produziert. Deswegen setzen sich einige Menschen und Organisationen für bessere Bedingungen ein und fordern fair gehandelte Schokolade. So auch die Kampagne **MAKE CHOCOLATE FAIR**! Sie verlangen die Einhaltung von Menschen- und Arbeitsrechten vor Ort und ein Verbot von Kinderarbeit, die über die Grenzen des Erlaubten hinausgeht. Außerdem fordern sie die Schokoladenhersteller auf, ebenfalls dafür zu sorgen, dass Kakao umwelt- und klimafreundlich angebaut wird.

WAS KÖNNT IHR TUN?

Weniger Fleisch, mehr Bio-Gemüse: Manche dieser Tipps und Anregungen werdet ihr kennen. Vielleicht seid ihr schon Lebensmittelretter?

ALLES ZU SEINER ZEIT

Ob Erdbeeren oder Spargel – wir können quasi das ganze Jahr hindurch jedes Obst und Gemüse im Supermarkt bekommen. Doch Früchte, die bei uns gerade keine Saison haben, müssen von weither zu uns transportiert und unterwegs oft energieaufwendig gekühlt werden. Was für ein Irrsinn! Esst lieber saisonales Gemüse und Obst. Das ist deutlich klimaschonender und schmeckt oft auch besser, weil es frischer ist. Was wann seine Zeit hat, steht in sogenannten Saisonkalendern, wie diesen hier: www.regional-saisonal.de/saisonkalender.

CLEVERES SHOPPEN

Wer gesund und ökologisch essen möchte, sollte Obst und Gemüse einkaufen, das biologisch erzeugt ist. Am besten direkt von einem Hof in der Nähe und von einem Bio-Verband wie Demeter, Naturland oder Bioland. Neben diesen drei gibt es noch eine Reihe weiterer Siegel, was ganz schön verwirrend sein kann. Auf der Website www.siegelklarheit.de könnt ihr checken, was welches Siegel bedeutet. Übrigens nicht nur für Lebensmittel, Siegel gibt es mittlerweile nämlich auch für Kleidung und viele andere Dinge.

WENIGER FLEISCH, MEHR VIELFALT

Wer weniger oder gar kein Fleisch ist, tut nicht nur etwas für die Gesundheit – sondern trägt auch zum Klimaschutz bei. Denn bei der Produktion von Fleisch entsteht jede Menge Kohlendioxid – und das noch viel kimaschädlichere Gas Methan. Probiert es einfach mal aus, ihr werdet merken: Es fällt gar nicht schwer, im Gegenteil: Ihr könnt ganz neue Eindrücke und Geschmacksrichtungen erfahren, weil ganz neue Gerichte auszuprobieren und zu entdecken sind.

NIX FÜR DIE TONNE!

Jedes Lebensmittel braucht Wasser, Energie und andere Ressourcen – und setzt Klimagase frei, um zu wachsen, produziert, transportiert und zubereitet zu werden. Umso ärgerlicher, wenn Essen im Müll landet. Vermeidet also, Lebensmittel zu verschwenden – oder, noch besser: Werdet zu Rettern! Das könnt ihr im privaten tun und Essen einpacken und verwerten, was andere nicht mehr brauchen. Etwa das Schulbrot vom Kumpel. Oder ihr meldet euch auch auf **www.foodsharing.de** an, dann könnt ihr sogar Lebensmittel in Supermärkten oder Bäckereien retten.

GEMÜSE IM ABO

Sich gemütlich leckeres Gemüse nach Hause bringen lassen, das geht mit einer regionalen Gemüsekiste im Abo. Da bekommt ihr jede Woche frisches saisonales Gemüse und lernt wahrscheinlich auch allerhand neuer Knollen und Salatblätter kennen. Wenn ihr mitentscheiden wollt, welches Gemüse der Hof anbauen soll und ihr vielleicht sogar mal mithelfen wollt, sucht auch einen Hof, der Solidarische Landwirtschaft betreibt.

»Auf meiner Reise sah ich immer wieder den Plastikmüll, der unsere Erde verdreckt. Ich war erschüttert. Mir war nicht bewusst, was wir Menschen da anrichten und wollte unbedingt etwas dagegen unternehmen. Da kam mir die Idee, das Ganze mit unserem Dorfladen zu kombinieren und zurück zu den Wurzeln zu gehen.«

LUISA BRUMMER

KAPITEL 5

MÜLL

EINLEITUNG

WAS FÜR EIN MÜLL!

Ob die alte Jeans, ein trockenes Brot, eine Saftflasche, der Karton vom Handy oder das Gerät selbst. Das alles wurde aus wertvollen Ressourcen hergestellt und landet irgendwann im Müll. Mit gewaltigen Auswirkungen auf Klima, Umwelt und Menschen.

BITTE EINMAL SCHLUCKEN und Augen reiben: Jedes Jahr fallen in Deutschland fast 19 Millionen Tonnen allein an Verpackungsmüll an. Das sind mehr als 200 Kilogramm pro Nase. Deutlich mehr, als ihr mit eigener Kraft heben könntet! Wo kommt das alles her? Ein Teil fällt beispielsweise an, wenn ihr Dinge online bestellt und sie euch dann hübsch im Karton verpackt geliefert werden; oder weil ihr abgepackte Snacks statt Pausenbrot mit in die Schule nehmt; oder eure Getränke in Kartons, Dosen oder Einwegflaschen stecken. Und das ist nur die Verpackung!

Stichwort: Einweg. Viele der Produkte, die wir heute verwenden, sind nicht unbedingt für eine lange Lebensdauer gemacht. Spielzeug geht kaputt, Elektrogeräte veralten, Klamotten kommen aus der Mode. Früher oder später wandert das meiste dann in den Müll. Wenn es gut läuft, immerhin so, dass es recycelt werden kann. Etwa Papier oder Glasflaschen, Kleidung oder Elektronikteile. Doch unvorstellbare Mengen landen leider unkontrolliert in der Umwelt, gelangen in den Boden oder ins Meer. Oft mit schlimmen Folgen für die Umwelt.

Ganz abgesehen davon: Viele Stoffe lassen sich bis heute nicht vernünftig recyceln – weil es zu aufwendig ist, oder weil die Qualität spürbar abnimmt. Papier zum Beispiel kann man nicht unendlich wiederaufbereiten. Irgendwann

sind die Fasern verschlissen, dann taugt es zu nichts mehr. Und die Energie, die ursprünglich bei der Herstellung und für den Transport aufgewendet wurde, ist ohnehin futsch. Egal, ob nun recycelt wird oder nicht!

DER BESTE MÜLL IST DAHER DER, der gar nicht erst entsteht. Das nennt man Müllvermeidung. Achtet einmal darauf: Viele Dinge, die wir im Supermarkt kaufen, sind unnötig eingepackt. Wie die Gurke in Plastikfolie oder die Zahnpastatube im Karton. Klar, man kann nicht bei allem auf Verpackungen verzichten. Aber wo sie benötigt werden, sollten es möglichst welche sein, die sich zumindest mehrfach verwenden lassen. Sowie Pfandflaschen, Stoffbeutel oder die Brotdose für unterwegs. Und die kaputte Jeans, das alte Handy? Auch die müssen nicht unbedingt in den Müll. Vielleicht könnt ihr die Hose flicken oder das Handy lässt sich reparieren. Damit spart ihr dann nicht nur Müll – sondern auch noch Geld! Auf den folgenden Seiten lest ihr von guten Beispielen und überraschenden Ideen, die zum Nachahmen einladen. Müllvermeider vor!

P.S.: Ach ja, ein großes Thema wären an dieser Stelle natürlich ebenfalls Lebensmittel. Auch von denen werfen wir viel zu viel weg. Mehr dazu und was ihr dagegen unternehmen könnt, findet ihr im Kapitel »Ernährung«.

INFOGRAFIK

PROBLEMFALL PLASTIKMÜLL

Plastikmüll einfach sauber trennen und schon wird alles recycelt? Schön wär's! Leider gilt das nur für einen Bruchteil der mehr als acht Milliarden Tonnen Kunststoff, die seit den 1950er-Jahren hergestellt wurden. Die weitaus größere Menge wird verbrannt, landet auf Deponien oder einfach in der Natur – zum Teil mit schlimmen Folgen für Tiere, Pflanzen und am Ende uns Menschen.

WO LANDET DER WELTWEITE PLASTIKMÜLL?

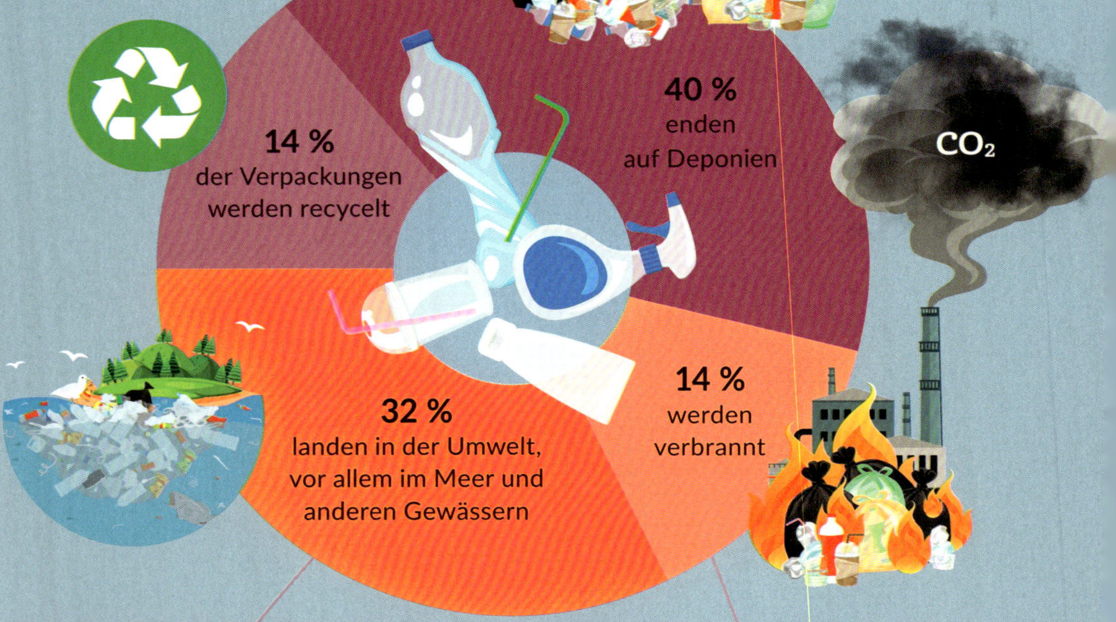

Die meisten Kunststoffe verrotten erst nach Jahrhunderten. Schädliche Inhaltsstoffe werden nach und nach in die Umwelt abgegeben. In den Ozeanen gefährdet das Plastik Meeressäuger, Seevögel und Fische.

Wenn Verbrennungsanlagen nicht über entsprechende Filter verfügen, können hochgiftige Substanzen wie krebserregende Dioxine und Quecksilber in die Umwelt gelangen.

DEUTSCHER PLASTIKMÜLL AUF GROSSER FAHRT

Die Deutschen machen es sich leicht: Gut ein Sechstel des Plastikmülls wird teils über weite Strecken verschifft – und dort meist deponiert oder verbrannt. Hier sind die größten Abnehmer:

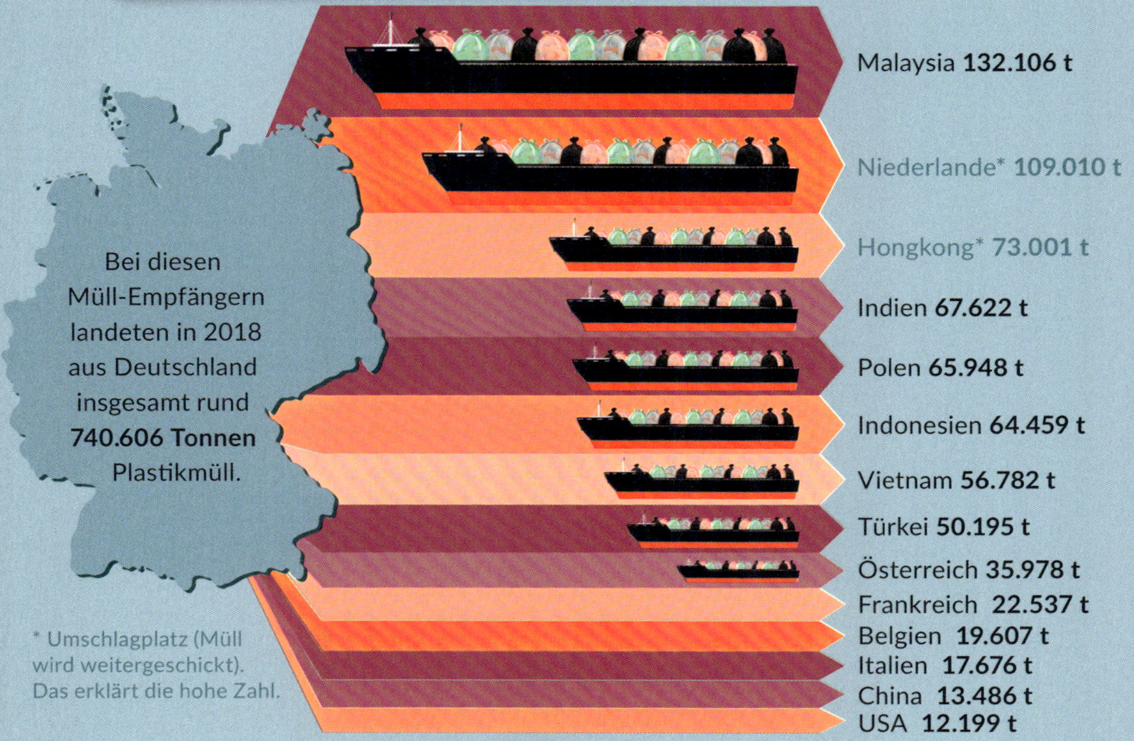

WIE BRASILIANISCHER WALD IN DEUTSCHEN KLOS LANDET

Ob Schreibhefte oder Bücher, Kassenbons oder Geschenkpapier, Schuhkarton oder Klorolle – Papier umgibt euch ständig. Das meiste davon landet schnell im Müll, im Klo und bestenfalls im Altpapier. Unser Papierverbrauch hat enorme Folgen, manchmal sogar am anderen Ende der Welt.

KAUM ZU GLAUBEN! Jeder von uns verbraucht durchschnittlich 134 Rollen Klopapier im Jahr. Das sind mehr als zwölf Kilogramm. Damit ist Deutschland Vizeweltmeister, nur in den USA wird noch mehr verbraucht als hier. Die Folgen davon kann man wiederum ganz woanders beobachten, in den Urwäldern von Brasilien. Denn wenn ihr Toilettenpapier benutzt, das aus Frischfasern – also nicht aus Altpapier – hergestellt wurde, dann steckt ziemlich wahrscheinlich Holz von brasilianischen Eukalyptusbäumen drin.

Eukalyptus: Sind das nicht die Bäume, deren Blätter Koalas fressen? Und wohnen die nicht in in Australien? Genau! Aber Eukalyptusbäume wurden von dort nach Brasilien eingeführt und werden nun in großen Plantagen angebaut, für die vorher Urwald gerodet wurde. Sehr alter und besonderer Urwald an der Atlantikküste, der Mata Atlântica, von dem mittlerweile nur noch ein kümmerliches Prozent der ursprünglichen Fläche steht. Und selbst dieser Rest ist durch die Rodungen stark gefährdet. Tiere verlieren ihren Lebensraum und auch Menschen werden vertrieben, die hier mal zu Hause waren.

STATTDESSEN ALSO EUKALYPTUSBÄUME, weil sie so schnell wachsen. Für das schnelle Wachstum brauchen sie allerdings extrem viel Wasser. Das wiederum lässt den Grundwasserspiegel sinken – was inzwischen zu Wassermangel in der umliegenden Landwirtschaft und in den Haushalten der Menschen führt. Aber nicht nur deshalb werden die Eukalyptusplantagen »Grüne Wüste« genannt. Auch, weil außer dem Eukalyptus hier nicht wirklich noch etwas wachsen und leben kann. Der Eukalyptus ist für die meisten Tiere und Pflanzen, aber auch für Menschen nämlich giftig. Die Koalas sind da eine große Ausnahme, weil sie bestimmte Bakterien im Darm haben,

Hygienepapiere, also Klopapier, Taschentücher und so, machen nur einen Anteil von 6,6 Prozent von unserem Papierverbrauch aus. Über die Hälfte sind Verpackungen und mehr als 35 Prozent sogenannte grafische Papiere – zum Beispiel Schreib- oder Druckerpapier. Insgesamt verbraucht jede und jeder in Deutschland fast 250 Kilogramm Papier pro Jahr!

die ihnen ermöglichen, die ansonsten ungenießbaren Blätter zu verdauen. Aber Koalas leben nun mal nicht hier, sondern auf einem ganz anderen Kontinent. Das hatten wir ja bereits geklärt.

All das sind gute Gründe, besser Recycling-Toilettenpapier zu benutzen. Dafür muss kein Urwald gerodet, kein Eukalyptus angebaut werden. Allerdings kann man die Frage auch noch grundsätzlicher stellen: Wozu überhaupt Klopapier?

In vielen Ländern der Welt – selbst von manchen Menschen in Deutschland – wird gar kein Toilettenpapier benutzt, sondern einfach Wasser. Das hört sich für uns erst mal merkwürdig an. Doch viele Menschen, die es mal ausprobiert haben, gewöhnen sich schnell dran. Es werden Handeimer, Gießkannen, Bidets oder Schläuche verwendet.

DAS SCHONT NICHT NUR die Wälder – es ist sogar hygienischer. Denn Wasser reinigt gründlicher als Klopapier. Außerdem werden bei der Herstellung von Papier Umwelt, Klima und Menschen belastet. Die Produktion benötigt große Mengen Energie und Chemikalien. Dies gilt vor allem für die Papierherstellung aus Zellstoff – also aus Holz. Das Abwasser aus Papierfabriken ist oft sehr stark verschmutzt. Und am Klimawandel ist unser Papierverbrauch gleich in mehrfacher Form beteiligt: Durch die Abholzung von Wäldern werden natürliche CO_2-Speicher vernichtet, während die energieintensive Papierproduktion zusätzlich große Mengen von CO_2 freisetzt. Immerhin: Bei Recycling-Papier wird Altpapier verwendet, und die Herstellung braucht deutlich weniger Energie, Wasser und Chemikalien. Deshalb solltet ihr besser zu Recycling-Papier greifen, das mit dem »Blauen Engel« gekennzeichneten. Aber am besten ist natürlich, wie so oft: einfach weniger verbrauchen. Ihr müsst ja nicht gleich mit der Gießkanne neben dem Klo anfangen …

IM INTERVIEW:
SHIA SU

NACHHALTIG IN DER SCHULE UNTERWEGS

Bleistift oder Kuli, Heft oder Laptop? Gar nicht so einfach, zu entscheiden, wie man den Schultag am umweltfreundlichsten gestaltet. Zero-Waste-Bloggerin Shia Su kennt jedoch ein paar Antworten.

Was sind die größten Herausforderungen, was Nachhaltigkeit in der Schule angeht?

Allem voran natürlich Papier – also Hefte, Schreibblöcke, Kopien, Arbeitsblätter und so weiter. In der Regel besteht das alles leider nicht immer aus Recycling-Papier. Und bei der Papierproduktion kommen zum Beispiel problematische Chemikalien zum Einsatz, außerdem verschlingt sie neben Bäumen auch viele andere Ressourcen wie Energie und Wasser. In einem einzigen A4-Blatt – und das wiegt gerade mal fünf Gramm – stecken zehn Liter Wasser! Also ein ganzer Putzeimer voll.

Also Recycling-Papier verwenden. Und was noch?

Genau! Für die Schule gibt es Hefte aus recyceltem Papier mit dem »Blauen Engel« als Siegel, das ist schon mal gut. Da am besten die Grauen nehmen, die wurden weniger stark chemisch behandelt. Und natürlich: immer doppelseitig beschreiben.

Stichwort Schreiben: Was ist mit Stiften und Textmarkern?

Schwierig, weil oft mit viel Plastik. Denkt nur an Kulis, Textmarker, Fineliner! Ich mache inzwischen fast alle Notizen, wenn schon nicht digital, dann mit einem unlackierten Holz-Bleistift. Dazu gibt es einen Radiergummi aus Naturkautschuk.

SHIA SU, geboren 1983, hörte 2014 das erste Mal von »Zero Waste«, also der Idee abfallfrei zu leben. Damals glaubte sie nicht, ihr Leben derart umstellen zu können. Doch mit der Zeit entdeckte sie immer mehr Möglichkeiten, sich diesem Ziel zu nähern. Heute passt der tägliche Abfall ihres Haushalts in ein Glas. Tipps für Nachahmer gibt Su auf ihrer Website wastelandrebel.com/de/

Statt Textmarker aus Plastik gibt es auch dicke Buntstifte in Leuchtfarben. Für Klausuren kannst du einen Füller mit wiederbefüllbaren Patronen nehmen.

Sind denn digitale Notizen, also auf dem Laptop oder Tablet, nachhaltiger als Papier?

Tja, schwierig! Elektronische Geräte sind leider gar nicht nachhaltig. Darin stecken sehr viele, häufig seltene Rohstoffe, die meist unter schrecklichen Bedingungen für Mensch und Natur abgebaut werden. Und am Ende kommt bei der Entsorgung eine ganze Menge Elektromüll zusammen, von dem nur das wenigste bislang recycelt wird. Der Strom, den etwa ein Laptop verbraucht, fällt da kaum noch ins Gewicht. Vor allem, und da bin ich wieder beim Papier, wenn man das mit dem Energieverbrauch der Papierproduktion vergleicht. Die Papierindustrie ist der weltweit fünftgrößte industrielle Energieverbraucher – und da sind die Transporte von Rohstoffen und des fertigen Produktes noch nicht mal eingerechnet. Laut dem Umweltbundesamt müssten wir unseren Papierverbrauch nahezu halbieren, damit eine nachhaltige Papierversorgung gewährleistet werden kann. Also: Spart vor allem Papier, wo es geht. Und wenn ihr stattdessen Laptop oder Tablet verwendet, am besten mit einem Notiz- statt Textverarbeitungsprogramm. Das ist nicht so speicherintensiv, verbraucht also weniger Strom.

WUNDERSTOFF MIT TÜCKEN

Plastik steckt nicht nur in Verpackungen. Es ist auch in Spielzeug, Möbeln, Kleidung, Elektrogeräten und selbst in Duschgel oder Shampoo zu finden. Mit anderen Worten: Plastik ist überall – wirklich überall: Auch in den Ozeanen, im Boden, in den Mägen von Tieren findet man mittlerweile Spuren!

WAS FÜR EIN GENIALER STOFF! Plastik ist leicht, elastisch, bruchfest, günstig, temperaturbeständig und je nach Bedarf hart oder weich oder irgendwas dazwischen. Was man daraus alles herstellen kann, der Fantasie sind kaum Grenzen gesetzt! Dabei ist es gerade mal 70 Jahre her, dass Plastik seinen Siegeszug begann. Ein Wimpernschlag der Geschichte, sozusagen. Erst recht, wenn ihr euch überlegt, wie lange es haltbar ist. Denn das ist eine weitere Qualität: Plastik ist langlebig. Und genau daraus wird schnell ein Problem: Eine Plastikflasche, die ihr in Minutenschnelle ausgetrunken habt und danach wegwerft, braucht viele Hundert Jahre, bis sie sich in der Umwelt abbaut. Die Folge: Es gibt sowohl an Land als auch im Meer jede Menge Plastikmüll. Meerestiere verfangen sich in den riesigen schwimmenden Plastikinseln, die sich mittlerweile in den Ozeanen gebildet haben, oder nehmen es sogar auf – was die Sache noch tragischer und etwas verrückt macht: Plastik wird vor allem aus Erdöl hergestellt. Und Erdöl besteht aus hoch verdichteten, vor Jahrmillionen abgestorbenen Meeresorganismen. Diese landen nun also in den Bäuchen von Meerestieren wie Fischen und Walen. Als würde sich eine Art Kreislauf schließen!

BEI MEHR ALS 240 TIERARTEN wurde schon nachgewiesen, dass sie Plastik aufgenommen haben. Freiwillig? Natürlich nicht. Denn das sogenannte Mikroplastik kann bei Meerestieren im Verdauungssystem und in den Atemwegen zu inneren Verletzungen, Verstopfung

oder gar zum Tod führen. Damit nicht genug, durch die Giftstoffe im Plastik können die Tiere schneller krank werden oder die Fähigkeit verlieren, sich fortzupflanzen. Mikroplastik? So nennt man Kunststoffteilchen, die kleiner als fünf Millimeter sind. Sie sind häufig in Kosmetik- und Pflegeprodukten enthalten. Außerdem entsteht Mikroplastik, wenn sich größere Plastikteile zersetzen, also im Meer durch Wind und Wellen kleingefräst werden. Und selbst beim Abrieb von Autoreifen gelangt Mikroplastik in die Umwelt. In Böden und Binnengewässern ist die Verschmutzung mit Mikroplastik teilweise mehr als 20-mal so hoch wie im Meer! Und davon haben wir dann auch etwas, denn die Kunststoffe sind natürlich nicht nur für Tiere schädlich. Auch für uns!

UND FÜR KLIMA UND UMWELT?
Schon bei der Herstellung wird Chemie verwendet, die Luft und Wasser verschmutzen. Und wenn Plastik entsorgt und nicht recycelt wird, dann wird es meistens verbrannt. Dabei wird neben giftigen Abgasen auch CO_2 freigesetzt.

Und nun? Am besten natürlich, soweit es geht, auf Kunststoff verzichten, einige Tipps dazu gibt es am Ende dieses Kapitels! Ein Leben komplett ohne Plastik ist allerdings sehr, sehr mühevoll. Einen Kompromiss können hier Kunststoffe darstellen, die aus nachwachsenden Rohstoffen wie Mais, Zucker oder Holz gewonnen werden. Bislang machen die jedoch gerade mal zwei Prozent aus. Also los, da ist noch Luft nach oben!

BOYAN SLAT

PLASTIKFLUT IM MEER

Kunststoffmüll ist im wahrsten Sinne des Wortes ein Riesenproblem. Der Niederländer Boyan Slat hat vielleicht eine Lösung. Aber alle müssen mithelfen.

ALS BOYAN SLAT 16 JAHRE ALT WAR, machte er Urlaub in Griechenland. Beim Tauchen dort entdeckte er mehr Müll als Fische. Andere Jugendliche hätten vielleicht einfach den Schnorchel beiseitegelegt und sich ein neues Hobby gesucht. Boyan nicht. Er fing an zu recherchieren, das Ergebnis erschreckte ihn: Jedes Jahr geraten, je nach Schätzung, zwischen 1,15 und 2,41 Millionen Tonnen Plastikmüll in die Weltmeere – eine unvorstellbare Menge! Dieses Plastik wird in der Natur nur äußerst langsam abgebaut und ist daher ein riesiges Umweltproblem: Schildkröten, Fische, Delfine und andere Meerestiere verfangen sich in dem Müll oder schlucken unverdauliche Teile, die ihre Mägen verstopfen. Je länger der Kunststoff im Wasser treibt, desto kleiner wird er durch die Einwirkung von Sonne, Wind und Wellen gerieben. Diese Miniteilchen gelangen dann in die Nahrungskette und bis zu uns auf den Teller!

Dieses gigantische Abfallproblem zu lösen, ist eine der größten Herausforderungen, der sich die Menschheit heute zu stellen hat. Und Boyan Slat war schnell klar: Er will seinen Teil beitragen.

Deshalb hat er das Projekt »The Ocean Cleanup« ins Leben gerufen. Dafür hat er eine Art Müllfänger entworfen, die große Mengen Plastik aus dem Meer holen können. Ihre U-förmigen Fangarme sind Hunderte Meter lang und treiben – nur von der natürlichen Meeresströmung gesteuert – durch den Ozean. Mit Unterwassernetzen fangen sie den umherschwimmenden Plastikmüll ein. Der Müll kann dann an Land gebracht und dort recycelt werden.

DASS ES FUNKTIONIERT, wurde bereits mit einer ersten Anlage im Pazifik zwischen Kalifornien und Hawaii getestet. Dort gibt es eines der größten Plastikmüllfelder im Meer, den sogenannten

»Great Pacific Garbage Patch«. Er ist fast viermal so groß wie Deutschland. Man schätzt, dass allein in diesem Gebiet 80.000 Tonnen Plastikmüll schwimmen. Wenigstens die Hälfte davon möchte Boyan Slat mit seinem Team innerhalb von fünf Jahren einsammeln.

Doch das allein reicht nicht, um das Plastik in den Ozeanen dauerhaft loszuwerden – wir müssen auch verhindern, dass neuer Kunststoffabfall überhaupt dorthin kommt. Und das meiste davon gelangt über die Flüsse in die Meere. Deshalb hat Boyan Slat zusätzlich ein spezielles Boot zum Müllsammeln in Flüssen entwickelt. Der sogenannte »Interceptor« kann 50.000 Kilogramm aus dem Wasser holen – jeden Tag! Wo immer es möglich ist, sollen die »Interceptors« in den kommenden Jahren zum Einsatz kommen, um die am meisten mit Plastik verunreinigten Flüsse der Welt wieder sauber zu kriegen.

EINE GUTE SACHE! Das heißt aber nicht, dass alle anderen sich entspannt zurücklehnen dürfen, während Boyan Slat und sein Team die Welt von unserem Müll befreien. Im Gegenteil, jeder ist gefordert. Denn wir müssen, erwartet Slat zu Recht, gemeinsam noch näher an die Quelle des Problems. Plastikmüll entsteht ja überhaupt erst, weil wir Kunststoff kaufen, gebrauchen, wegwerfen. Und das haben wir selbst in der Hand! Das heißt also, auch ihr könnt das mit eurem Konsum beeinflussen, indem ihr darauf achtet, weniger Plastik zu verwenden. Indem ihr weniger Verpackungen und Einwegplastik, keine Klamotten mehr aus Kunstfasern, plastikfreie Shampoos und Duschgels und wiederverwendbare Taschen nutzt. Kurzum: Vermeidet soviel Plastikmüll wie möglich und verwendet Sachen wieder oder recycelt sie.

LUISA BRUMMER, geboren 1995, machte nach ihrem Schulabschluss eine Ausbildung als Gestalterin für visuelles Marketing. Dann ging sie auf Weltreise, wo der Entschluss entstand, den Laden ihrer Familie zu übernehmen. Seit 2018 führt Luisa Brummer die »Boderei« im bayrischen Sandharlanden, einem kleinen Ort zwischen Regensburg und Ingolstadt.

IM INTERVIEW:
LUISA BRUMMER

SCHON MEIN UROPA HAT VERPACKUNGSFREIE LEBENSMITTEL VERKAUFT!

Luisa Brummer übernahm den Dorfladen, den ihr Urgroβvater mehr als 90 Jahre zuvor eröffnet hatte. Seitdem läuft in der »Boderei« eine Menge anders – und doch manches wieder wie am Anfang.

Luisa, du führst den Laden in vierter Generation. War immer klar, dass du ihn einmal übernehmen würdest?

Ich habe schon als kleines Kind meiner Oma im Laden geholfen. Weil ich Lust dazu hatte, nicht weil ich musste. Mir stand es immer frei, meine Zukunft so zu gestalten, wie sie mir gefällt. Ich habe eine Ausbildung zur Inneneinrichterin gemacht und bin anschließend in die weite Welt gereist. Unterwegs habe ich sehr viel gesehen und gelernt – und gemerkt, dass ich es wichtig finde, Bestehendes fortzuführen. Fern von Zuhause entstand also der Plan, in die Fußstapfen meiner Familie zu treten. Allerdings mit ein paar Veränderungen.

Was heißt das?

Auf meiner Reise sah ich immer wieder den Plastikmüll, der unsere Erde verdreckt. Ich war erschüttert. Mir war nicht bewusst, was wir Menschen da anrichten und wollte unbedingt etwas dagegen unternehmen. Da kam mir die Idee, das Ganze mit unserem Dorfladen zu kombinieren und zurück zu den Wurzeln zu gehen. Denn schon mein Uropa und meine Oma haben verpackungsfreie Lebensmittel verkauft.

Was hast du alles verändert?

Ich bin überwiegend auf biologische und regionale Produkte umgestiegen, da mir dieses Thema ebenso wie Plastik-

vermeidung sehr am Herzen liegt. Alle lebensnotwendigen Dinge kann man nun ohne Verpackung und aus nachhaltigen Materialien kaufen.

Woher kamen die Anregungen und Ideen?

Ich habe viel gelesen und mit Menschen gesprochen, die ein plastikfreies Leben führen. Ich habe mir Unverpacktläden in Großstädten angeschaut. Auch jetzt bin ich über die sozialen Medien mit den anderen Läden verknüpft und erfahre so über neue Produkte und Ideen.

Stichwort Großstädte: Dein Laden steht nicht in Berlin oder Hamburg – sondern in Sandharlanden, ein kleiner Ort mit nur etwa 1.000 Einwohnern. Wie kam dein Vorhaben bei denen an?

Um ein Gefühl zu bekommen, habe ich, als meine Oma noch den Laden führte, einen Wunschzettel an unsere Kunden ausgeteilt und vorsichtig angefragt, wie sie ein solches Konzept fänden. Sie fanden es gut! Die »Boderei« wird seit der Umstrukturierung sehr gut angenommen. Nicht nur die Sandharlandener kommen, sondern auch viele Menschen aus umliegenden Dörfern. Sie alle leisten gerne ihren Beitrag zum Schutz der Umwelt und haben sich über diese Möglichkeit gefreut. Aber ja, es gab auch Menschen die nicht viel damit anfangen konnten. Für die haben wir noch einen Teil unseres alten Sortiments – versuchen sie aber langsam mit ins Boot zu holen …

Unverpacktläden gibt es längst nicht überall in Deutschland. Was rätst du Menschen, die müllfrei einkaufen möchten – aber kein solches Geschäft in ihrer Nähe haben?

Man kann mittlerweile auch in normalen Supermärkten gut Plastikmüll vermeiden, etwa indem man immer eine Einkaufstasche dabei hat. Beim Metzger bringt man seine eigenen Dosen mit und kann Gemüse und Obst auf dem Markt kaufen. Putzmittel lässt sich superleicht selber herstellen, Haarseifen und Bambuszahnbürsten bekommt man oft auch in normalen Läden. Wer mehr wissen will: Es gibt viele tolle Bücher und Internetseiten zum Thema »müllfrei leben«.

Naturseife
Erdbeer traum

KAUFT IHR NOCH – ODER REPARIERT IHR SCHON?

Handy kaputt? Kein Grund, gleich ein Neues zu kaufen. Es gibt sogenannte Repair-Cafés, in denen euch Experten helfen, euer Handy – oder auch andere Sachen – zu reparieren.

KUCHEN ESSEN UND DABEI NOCH das Handy reparieren, daws ihr schon in eurer Schublade der nicht-funktionierenden-Dinge geglaubt habt? Kein Problem, in einem Repair-Café ist das normalerweise nicht nur möglich – sondern sogar kostenlos. Es sei denn natürlich, es werden Ersatzteile gebraucht, die gekauft werden müssen. Doch nicht nur Telefone können hier wiederbelebt werden, in Repair-Cafés kümmert man sich um alle Arten von Alltagsgegenständen. Egal, ob euer Fahrrad, der Fön oder die Lieblingsjeans betroffen sind.

Und bei alledem herrscht in Repair-Cafés meist auch eine gute Atmosphäre. Denn hier ziehen alle am selben Strang, helfen einander. Das Ganze wird von Menschen ehrenamtlich organisiert, also freiwillig und ohne Bezahlung. Sie machen das aus Interesse an der Technik und am Selbermachen. Vor allem aber geht es darum, unserem Wegwerf-Denken etwas entgegenzusetzen: Nur weil die Hose ein Loch hat, der Haartrockner komische Geräusche macht, muss man nicht gleich in den Laden rennen und etwas Neues kaufen. Ganz oft lässt sich das Alte prima wieder instand setzen. So wird Müll vermieden, werden wertvolle Ressourcen geschont. Außerdem kann man natürlich jede Menge lernen – vom Rad flicken übers Kabel löten bis zum Umgang mit der Nähmaschine.

VIELLEICHT GIBT ES JA SCHON JETZT Dinge, die ihr könnt – und kaum jemand

anders? Dann überlegt doch mal, ob ihr euer Talent im Basteln und Tüfteln einsetzen wollt, um anderen beim Reparieren zu helfen! Es lohnt sich in jedem Fall. Schon weil ihr hier mit Menschen in Kontakt kommt, die ihr vielleicht sonst nicht treffen würdet: Nachbarn, von denen ihr gar nicht wusstet, dass sie gleich im Nebenhaus wohnen, ältere Mitbürger, die euch spannende Geschichten aus ihrem Leben erzählen können.

Übrigens: Solche Treffpunkte, wo gemeinschaftlich Gegenstände repariert werden, gibt es schon lange. Neu ist vor allem der Name. Der Begriff »Repair-Cafés« tauchte erstmals 2009 in den Niederlanden auf. In Deutschland gibt es aktuell rund 1.000 solcher Reparatur-Initiativen – und weitere sind dabei sich zu gründen.

Auf **www.reparatur-initiativen.de** könnt ihr gucken, ob es auch in eurer Nähe ein Repair-Café gibt. Und wenn nicht, gründet doch einfach selbst eines. Tipps, wie das geht, findet ihr ebenfalls auf der Website. Ein guter Ort dafür könnte zum Beispiel eure Schule sein. Da könnte das ein oder andere Projekt ja sogar zum Beispiel Teil des Technikunterrichts sein. Sprecht einfach mal eure Klassenlehrerin oder euren Klassenlehrer an, was sie davon halten. Und wenn es noch Überzeugungsarbeit braucht: Schlagt einen Klassenausflug in ein »Repair-Café« vor. Wenn ihr Glück habt, gibt es sogar wieder Kuchen!

WER ENGAGIERT SICH NOCH?

Müll vermeiden, aufräumen und die Verursacher zur Verantwortung ziehen: Es gibt viele Menschen und Organisationen, die sich dafür engagieren. Wir können euch an dieser Stelle nur ein paar davon vorstellen.

KAMPF DEM PLASTIKMÜLL

Seit 2016 haben sich fast 1.900 Organisationen und noch viel mehr Menschen der weltweiten Bewegung **BREAK FREE FROM PLASTIC** angeschlossen. Sie wollen Konzerne und Produzenten von Kunststoff zur Verantwortung ziehen und verhindern, dass Plastikmüll unkontrolliert in die Umwelt gelangt. Die Hersteller sollen dazu verpflichtet werden, dass die Lebensdauer der verwendeten Materialien bei der Auswahl berücksichtigt wird und keine giftigen Stoffe bei der Produktion eingesetzt werden dürfen. Auch ihr könnt Teil der Bewegung werden und euch auf **www.breakfreefromplastic.org** registrieren oder in den sozialen Medien den Hashtag #breakfreefromplastic nutzen.

GERETTETE KULISSEN

Für ein Theaterstück an der Schule sucht ihr ein cooles Bühnenbild oder Kostüme, habt aber nicht viel Geld dafür, wohnt aber zufälligerweise in Hamburg? Dann habt ihr Glück. Die **HANSEATISCHE MATERIALVERWALTUNG** rettet alle nur denkbaren Kulissen und Requisiten, die von Filmdrehs, Theateraufführungen und Messen übrig bleiben, bevor diese im Müll landen. In riesigen Lagerhallen werden sie gesammelt, aufbereitet – und über **hanseatische-materialverwaltung.de** verliehen. Dass die Sachen nicht weggeworfen wurden, sondern weiterverwendet werden, spart jede Menge CO_2. Allein in den ersten fünf Jahren seit Bestehen rund 1.250 Tonnen, haben die Macher ausgerechnet.

PLASTIK SCHÖPFEN

Neben Boyan Slat und seinem „Ocean Cleanup" (mehr dazu auf Seite 116–117) gibt es noch andere, die überlegen, wie wir die Meere von Plastik befreien können. Die junge Architektin **MARCELLA HANSCH** aus Aachen beispielsweise hat in ihrer Abschlussarbeit eine schwimmende Plattform entwickelt, die Plastik einfach aus den Meeren filtern soll. Das Ganze heißt „Pacific Garbage Screening" und sieht aus wie ein riesiger Kamm. Dieser soll die Meeresströmungen so beruhigen, dass das Plastik, das von Strömungen unter Wasser gezogen wird, wieder oben schwimmt und abgeschöpft werden kann. Mit ihr arbeitet ein fast 30-köpfiges Team, die auch schon an einem Apparat für die Säuberung von Flüssen sitzen und diesen 2022 austesten möchten. Mehr dazu auf **www.pacific-garbage-screening.de**

SPIDERMAN RÄUMT AUF

Das Land Indonesien in Südostasien besteht aus mehr als 17.000 Inseln. Entsprechend viel Küste gibt es. Und die ist oft vermüllt. Richtig vermüllt! Deshalb sammelt Spiderman am Strand der Insel Sulawesi den Plastikmüll ein. In dem Superhelden-Kostüm steckt **RUDI HARTONO,** der eigentlich in einem Café arbeitet – aber bereits seit Jahren täglich Müll von den Stränden seiner Gemeinde sammelt. Seitdem er dies jedoch in Verkleidung macht, hat das ernste Müllproblem deutlich mehr Aufmerksamkeit bekommen, und auch andere Menschen haben begonnen mitzumachen. Sogar die örtliche Regierung beteiligt sich inzwischen. Und deren Job wäre das ja von Anfang an gewesen.

WAS KÖNNT IHR TUN?

Der beste Müll ist der, der gar nicht erst anfällt. Hier ein paar Tipps, was ihr tun könnt, um Müll zu vermeiden. Und wenn es gar nicht anders geht: was sich mit Dingen anstellen lässt, bevor sie im Abfall landen.

MIT WIE WENIG MÜLL KOMMT IHR AUS?

Startet im Freundeskreis oder in der Klasse eine Challenge: Wer braucht am wenigsten Verpackungen in einer Woche? Sammelt euren Verpackungsmüll und guckt, bei wem am wenigsten zusammengekommen ist. Ein paar Tipps: Schaut mal, ob es einen Unverpackt- oder Bioladen in eurer Nähe gibt, wo Nudeln und Nüsse ohne Karton und Folie verkauft werden. Und, klar, sammelt euren Verpackungsmüll und guckt, wer den wenigsten angesammelt hat. Es ist praktisch, zum Einkaufen Beutel mitzunehmen, dann müsst ihr keine Tüten kaufen. Die zählen bei der Challenge nämlich auch.

GECHILLT SHOPPEN

Online shoppen ist bequem, aber produziert CO_2-Emissionen für den Transport – vor allem, weil so vieles wieder zurückgesendet wird, seinen Weg also ganz umsonst macht. Nebenbei fällt auch ziemlich viel Verpackungsmüll an. Dabei gibt es das meiste doch auch in Läden in eurer Stadt. Macht lieber eine Shopping-Tour mit eurer Freundin. Das schont nicht nur die Ressourcen und reduziert den Müll, da könnt ihr die Sachen auch gleich anprobieren.

LET'S PARTY!

Der Kleiderschrank voll, aber trotzdem findet ihr nichts zum Anziehen, das euch gefällt? Ihr müsst nicht gleich shoppen gehen, um neue tolle Klamotten zu bekommen. Ladet eure Freundinnen zur Kleidertausch-Party ein. Dafür sortiert ihr einfach die eigenen Klamotten aus. Was ihr selbst nicht mehr tragen möchtet, bringt ihr dann zur Party mit. Das gleiche machen die anderen. Jede kann dann mit nach Hause nehmen, was sie mag – und ihr werdet staunen, was für Schätze da auftauchen.
Was wirklich übrigbleibt, könnt ihr dann in eine Kleidersammlung in eurer Nähe bringen.

TÜTE – NEE, DANKE!

Es ist praktisch, immer eine Tüte oder Stoffbeutel dabei zu haben. Ein Rucksack tut es natürlich auch. Dann braucht ihr beim Einkaufen keine zusätzlichen Tüten – ob aus Plastik oder Papier. Auch wenn ihr euch Essen zum Mitnehmen holt, wird das gern in Plastiktüten verpackt. Guckt mal, ob die wirklich nötig ist. Apropos, wer beim »To Go« Müll sparen möchte, sollte einen Mehrwegbecher – das kann auch ein Schraubglas sein – und eine große Frischhaltedose dabeihaben.

GEBRAUCHTE BÜCHER

Ob auf Plätzen, in Parks oder in Wohnhäusern, es gibt an immer mehr Orten Bücherschränke, wo ihr ausgelesene Bücher reinstellen und welche mitnehmen könnt. Und das ganz umsonst. Das spart nicht nur Papier, sondern auch Geld. Oft gibt es auch solche Schränke mit anderen Dingen als Büchern, zum Beispiel Spielzeug oder Klamotten. Dann werden sie Givebox, Freebox oder schlicht Tauschhaus genannt. So etwas könnt ihr auch selbst aufstellen, füllen und pflegen. Aber Achtung, ihr braucht eine Genehmigung der Stadt oder Gemeinde.

»Steht auf,
werdet kreativ und probiert etwas aus, Ideen gibt es genügend. Besonders schön dabei: Wenn ihr für euch selbst sorgt und etwas in Sachen Verkehr tut, macht es die Situation gleichzeitig für viele andere auch besser. Mehr Platz zum Spielen, Chillen oder Radfahren, heißt weniger Platz für Autos.«

HEINRICH STRÖSSENREUTHER

KAPITEL 6

MOBILITÄT

EINLEITUNG

BEWEGEN, ABER RICHTIG!

Wie wir uns von einem Ort zum anderen bewegen, ob mit dem Rad, Auto, Zug oder Flugzeug, hat gewaltige Auswirkungen für Umwelt, Klima und uns Menschen selbst. Fest steht: weiter wie bisher darf es nicht gehen.

KLAR, AUCH IHR MÜSST irgendwie zur Schule kommen, wollt in die Ferien fahren und Verwandte oder Freunde besuchen. Reiht euch ein zu all den Menschen, die tagtäglich ihre Wege von A nach B machen! Aber macht euch ruhig auch mal bewusst, was das bedeutet. Unsere Mobilität trägt nämlich gehörig zur Klimaerwärmung bei. In Deutschland ist der Verkehr für ein Fünftel der CO_2-Emissionen verantwortlich, den größten Anteil haben dabei vor allem Autos und Lastwagen. Moment mal, mit Lkw seid ihr gar nicht unterwegs? Stimmt, dafür aber Dinge wie Lebensmittel, Spielzeug oder Elektronikprodukte. Also Dinge, die ihr benötigt.

Die durch den Verkehr freigesetzten Treibhausgase sind allerdings nicht das einzige Problem: Durch den Bau von Straßen verschwinden Lebensräume von Tieren und Pflanzen oder werden zerschnitten. Wertvolle Böden werden durch Asphalt und Beton versiegelt. Darunter leidet die Natur. Aber auch für Menschen ist der Verkehr gefährlich: In deutschen Städten werden jährlich etwa 250.000 Männer, Frauen und Kinder bei Unfällen im Straßenverkehr verletzt, etwa 3.000 sterben. Die meisten von ihnen waren übrigens zu Fuß oder mit dem Rad unterwegs. Deswegen ist es wichtig, dass der Verkehr sicherer gemacht wird. Zum Beispiel, indem es bessere Wege für Radfahrende und Fußgänger gibt, gerade an großen Kreuzungen, und Autos nur noch mit Tempo 30 fahren dürfen.

DAS HÄTTE NOCH MEHR VORTEILE: Autos, die langsamer fahren, stoßen weniger Schadstoffe aus. Und sie sind leiser. Der Verkehrslärm ist nämlich ein weiteres Problem. Das ständige Brummen nervt nicht nur, es kann sogar krank machen! Genau wie die Luft. Denn Autos stoßen neben CO_2 auch andere Schadstoffe aus, unter anderem Fein-

staub, Stickstoffdioxid und Ozon. Das kann Bronchitis, Asthma oder sogar einen Herzinfarkt auslösen. Und in der Coronakrise war zu sehen, dass Covid 19 bei Menschen in Gegenden mit besonders belasteter Luft oft schlimmer verlief als bei anderen.

Schlechte Luft und Lärmbelastung, daran hat ebenso der Flugverkehr seinen Anteil. Auch Flugzeuge hinterlassen nicht nur klimaschädliches CO_2 sondern viele weitere Schadstoffe. Hier kommt erschwerend hinzu, dass diese in den Höhen, in denen sie von den Triebwerken ausgestoßen werden, wesentlich stärker zum Treibhauseffekt beitragen. Doch obwohl das schon lange bekannt ist, düsten die Maschinen einfach ungebremst weiter über den Himmel. Von 2014 bis zum Beginn der Coronakrise nahm die Zahl der weltweiten Flüge um mehr als ein Viertel zu. Ob die Einsicht, dass Videokonferenzen die ein oder andere Dienstreise ersetzen können, dazu führt, dass der Flugverkehr künftig geringer ausfällt? Abwarten!

DABEI KANN UNSERE MOBILITÄT durchaus so gestaltet werden, dass sie uns und das Klima deutlich weniger belastet. Verkehrswende heißt das Zauberwort. Bei der Verkehrswende geht es darum, gute Bus- und Bahnverbindungen zu schaffen, sodass weniger Autos nötig sind. Und diese sollten möglichst mit nachhaltig erzeugtem Strom fahren. Die Straßen und Wege müssen für Fußgänger und Radfahrende sicherer und attraktiver werden. Und wie immer gilt auch in Sachen Verkehr: gern einsparen, was nicht nötig ist. So kann etwa beim Transport von Waren einiges geschehen, wenn beispielsweise Lebensmittel nicht mehr von so weit hergeholt werden, weil ihr regionaler einkauft. Um das alles zu schaffen, muss in den Köpfen vieler Menschen und in der Politik allerdings noch einiges passieren.

INFOGRAFIK

KLIMAFREUNDLICH UNTERWEGS?

Um Menschen oder Waren von A nach B zu bewegen, wird Energie gebraucht. Doch wo Diesel, Benzin oder Strom zum Einsatz kommen, entstehen Treibhausgase, allen voran Kohlendioxid. Das allerdings in sehr unterschiedlichem Maß, wie diese Zahlen für Deutschland* zeigen.

Wer sich ins Auto setzt, um in die Ferien zu fahren, verursacht zehnmal mehr Kohlendioxid als ein Bahnreisender für dieselbe Entfernung. Auch beim Güterverkehr sind die Unterschiede enorm. Während für eine Tonne Fracht pro Kilometer auf der Schiene nur 19 Gramm anfallen, ist es im LKW mehr als das fünffache.

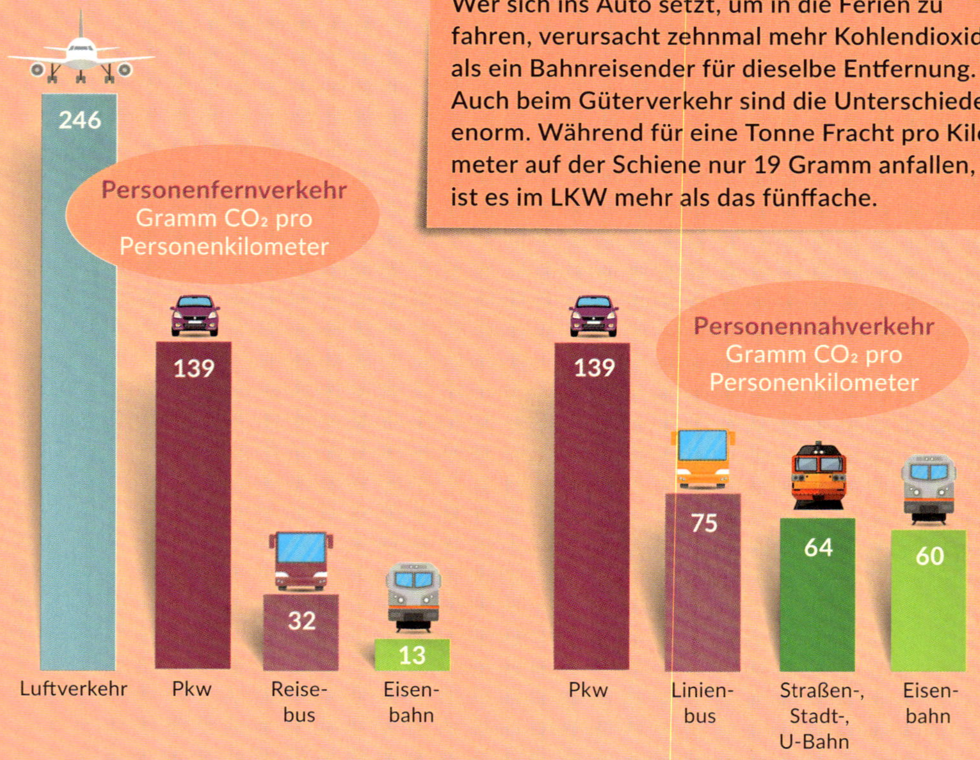

- Luft
- Straße
- Schiene
- Wasser

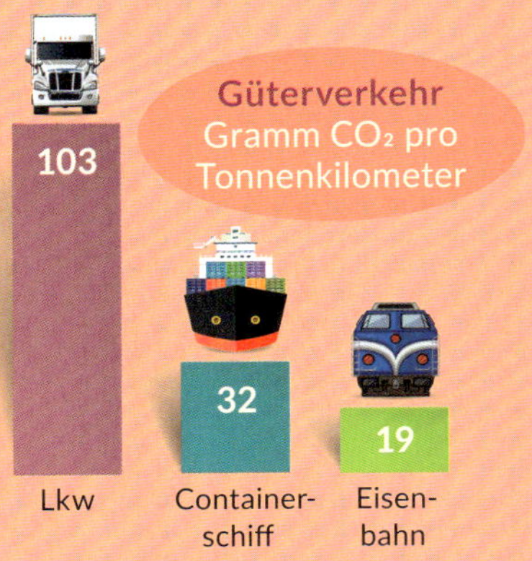

GRÜNE(RE) SCHIENE

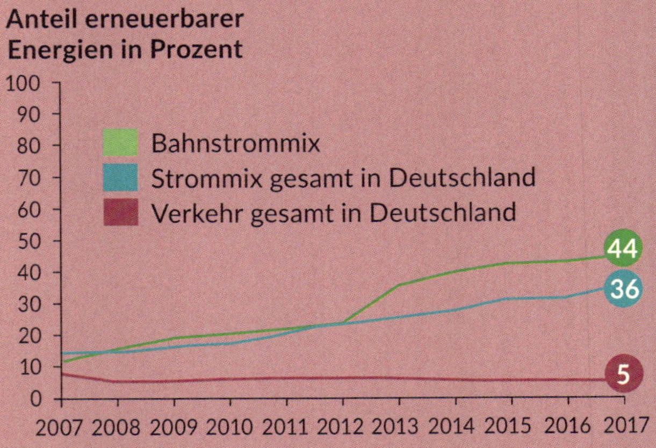

Ein elektrischer Antrieb pustet zwar keine stinkenden Abgase in die Luft, umweltfreundlich wird er aber erst, wenn der Strom nachhaltig erzeugt wurde. Bei der Bahn ist das immerhin schon fast zur Hälfte der Fall – und liegt damit über dem Durchschnitt des gesamten Strommixes in Deutschland.

*Stand 2017

HEINRICH STRÖSSENREUTHER, geboren 1967, hat schon im Bundestag, bei Greenpeace und der Deutschen Bahn gearbeitet. Jetzt ist er Deutschlands vermutlich bekanntester Fahrradaktivist. 2019 gründete er den Verein »GermanZero«. Dessen Ziel ist es, in den kommenden zehn Jahren gesetzlich zu erzwingen, dass Deutschland klimaneutral wird.

HEINRICH STRÖSSENREUTHER

REBELLION AUF DER STRASSE?

Manche meinen, Heinrich Strößenreuther sei ein Dickkopf und würde manchen Leuten einfach nur auf die Nerven gehen. Doch für seine Sache – weniger Autos in den Städten – hat er damit schon eine Menge erreicht! Hier schreibt er, warum das eigentlich jeder kann.

DIESE SITUATION KENNT IHR mit Sicherheit: Ihr seid zum Beispiel auf dem Weg zur Schule, schaut einmal genauer hin – und stellt fest: alles voll mit Autos! Und für euch kaum Platz. Weder zum Spielen, noch zum Chillen oder auch einfach nur, um sicher mit dem Fahrrad von A nach B zu fahren, zum Sport am Nachmittag zum Beispiel. Ab und an werdet ihr beim Radfahren auch noch angehupt, wenn es keinen Geh- oder Radweg gibt oder ihr so alt seid, dass ihr auf der Straße fahren müsst. Spätestens jetzt denkt ihr wahrscheinlich: die Verkehrswelt ist ungerecht! Ist sie auch.

Und wie ändert man daran etwas? Indem man selbst aktiv wird. Also steht auf, werdet kreativ und probiert etwas aus. Ideen gibt es genügend. Besonders schön dabei: Wenn ihr für euch selbst sorgt und etwas in Sachen Verkehr tut, macht es die Situation gleichzeitig für viele andere auch besser. Mehr Platz zum Spielen oder Radfahren, heißt weniger Platz für Autos. Die Autofahrer steigen dann vielleicht um und setzen sich auch mal aufs Rad. Es wird dann leiser, ihr hört mehr Vögel zwitschern. Die Luft riecht besser, wird weniger von Abgasen verpestet, und der Verkehr wird für alle sicherer. Ganz großer Nebeneffekt: Wenn Autofahrer aufs Rad oder Bus und Bahn umsteigen, wird die Erde weniger erhitzt und die Klimakrise ein ganz kleines Stück kleiner. Also macht einen Anfang, packt an in eurer Straße, in eurer Stadt. Dann macht das vielleicht Schule in eurem Land, auf eurem Kontinent! Und dann kann sich etwas ganz Großes bewegen!

DAS IST JETZT NICHT ETWA blöd dahin geschrieben, sondern ich spreche aus eigener Erfahrung. Ich habe selber schon einiges in dieser Richtung getan. Nicht umsonst schreiben die Zeitungen von mir als angeblich Deutschlands nervigstem Radfahrer. Das überrascht mich nicht: Mein Opa hatte einen Dickkopf, meine Mama hat einen Dickkopf und ich also zwei. Nervend hartnäckig kann ich sein, wenn es um die Sache geht. Das ist seit meiner Studienzeit so. Ein paar Beispiele? Bei der Deutschen Bahn habe ich 14.000 Lokführern klimaschonendes Fahren beigebracht, die alle glaubten, sie fahren schon super. Ich habe eine Busfirma gegründet und war Vertretungs-Chef von Eisenbahn-Unternehmen. 2013 bin ich dann Straßen- und Fahrrad-Aktivist geworden, und zwar mit einer App, der Wegeheld-App. Mit der kann man Falschparker auf Geh- und Radwegen anzeigen, also verpetzen, wenn die anderen mal wieder ihren Platz wegnehmen. Doch das reichte mir zum Thema Falschparker nicht. Ich habe zudem eine Petition gestartet: »Knolle statt Knöllchen« für höhere Strafen für Falschparker. Eine Petition richtet sich an jemand, der etwas tun soll, zum Beispiel eure Schulleitung, die Bürgermeisterin oder Polizei. Das kann auch zu einem anderen Thema sein, das euch wichtig ist. Vielleicht kann mal jemand dafür sorgen, dass mindestens einer der Wege, auf denen ihr mit dem Rad zur Schule fahrt, die letzten 1.000 Meter sicherer wird.

Eine Petition könnt ihr ganz einfach auf **www.change.org** starten. Schreibt einen Text in eurer Sprache, macht ein Foto, das euer Anliegen illustriert, oder sucht euch unter **www.pixabay.com/de** ein passendes Foto raus. Wenn die Petition dann online ist, schickt sie in alle eure WhatsApp-Gruppen, postet sie auf eurem Instagram-Account und sprecht andere darauf an.

Wie ging es bei mir weiter? Ich habe dann den Flächengerechtigkeitsreport in Berlin erstellt. In Berlin sind gerade mal drei Prozent der Verkehrsflächen zwischen den Häusern für den Radverkehr reserviert, für die Autofahrer sind es 20-mal mehr: ganz klar ungerecht. Wie es in euren Straßen aussieht, könnt ihr ja mal auszurechnen versuchen. Vielleicht hilft euch euer Mathelehrer oder die Lehrerin in Sachkunde? Schon wird ein spannendes Schulprojekt aus der Aktion!

VOR EIN PAAR JAHREN habe ich dann beim Volksentscheid Fahrrad in Berlin mitgemacht. Dabei haben wir viele Unterschriften gesammelt und so Druck auf die Politik ausgeübt. Mit Erfolg: Daraus entsprang dann Deutschlands erstes Radverkehrs- und Mobilitätsgesetz. Jetzt muss die Stadt unter anderem 4.000 Kilometer Radwege bauen. Berlin soll mobiler, sicherer und klimafreundlicher werden. Und das kann eben nur funktionieren, wenn Verkehrsmittel wie Fahrrad, Bus, Bahn und Fußgänger mehr Platz bekommen und Rechte erhalten. Auch wenn so ein Mobilitätsgesetz noch einmalig Deutschland ist, gibt inzwischen schon 30 andere Städte, die einen Radentscheid in ihrer Stadt erfolgreich gerockt haben.

Eines habe ich allerdings in dieser Zeit gelernt: Wenn wir es nicht selber machen, passiert es nicht. Hört also auf zu stöhnen, zu schimpfen und macht was! Geht raus, werdet kreativ, macht euch schlau, findet Wege für euren Widerstand mit euren Möglichkeiten. Denn das Größere als eine große Idee sind die kleinen Ideen, die daraus entspringen. Das Größere als kleine Ideen ist die konkrete Tat, die auch wirklich angefangen wird.

IM INTERVIEW:
TOBIAS KRELL

ICH HABE DEN GLETSCHERN BEIM SCHMELZEN ZUGESEHEN!

Tobias Krell, besser bekannt als »Checker Tobi«, ist für seine Sendungen viel unterwegs. Mancher Job muss aber auch ausfallen. Denn Fliegen innerhalb Deutschlands? Darauf, so erzählt er im Interview, verzichtet er nicht erst seit Corona.

Mobilität ist in deinen Sendungen immer wieder Thema. Du hast schon »Checks« zur Autobahn, zu U-Bahnen und dem Traum vom Fliegen gemacht. Was hat dich dabei am meisten überrascht?

Wie viel wir unterwegs sind, ohne richtig darüber nachzudenken! Wir fahren täglich mit dem Bus zur Schule und zur Arbeit, mit dem Auto zum Sportverein, reisen mit dem Zug mal eben quer durch Deutschland. Da merkt man schnell: Alles in unserem Land ist auf Mobilität ausgerichtet. Städte sind für Autos gebaut, Straßen führen zu jedem noch so kleinen Dorf. Das habe ich mir lange gar nicht bewusst gemacht.

Dein Leben findet zwischen München und Berlin statt, für deine Reportagen reist du sowieso andauernd herum. Wann hast du angefangen, dir über den CO_2-Fußabdruck Gedanken zu machen, den du dabei hinterlässt?

Dass ich mehr unterwegs bin als die meisten, ist mir schon lange klar. Auch, dass das Auswirkungen auf das Klima hat. 2015 haben wir für den »Klima-Check« auch den CO_2-Fußabdruck erklärt. Spätestens seit dieser Sendung habe ich das Thema immer im Kopf. Und die Folgen habe ich sogar schon am eigenen Leib erlebt: Im Sommer 2017 war ich für unseren Kinofilm in Grönland – und es war dort viel wärmer, als es hätte sein dürfen. Ich konnte quasi zusehen,

TOBIAS KRELL, geboren 1986, ist Journalist und Moderator. Seit 2013 sieht man ihn vor allem in dem nach ihm benannten TV-Format »Checker Tobi«, das auf dem Kinderkanal und in der ARD ausgestrahlt wird.

wie die Gletscher dort schmelzen! Das hat mich schon sehr beschäftigt.

Hast du auch Konsequenzen daraus gezogen?

Auf jeden Fall. Ich achte einfach bei allem, was ich tue, noch bewusster auf die klimatischen Auswirkungen. Ich esse selten Fleisch und versuche Produkte zu vermeiden, die von weither kommen. Ich fliege nicht innerhalb Deutschlands, fahre mit dem Rad oder öffentlich. Solche Sachen.

Hast du schon mal ein Thema verworfen oder einen Termin abgesagt, weil dein Gewissen dir gesagt hat: Dafür blase ich nicht so und so viele Tonnen CO_2 in die Luft?

Ja. Da ich nicht innerhalb von Deutschland mit dem Flugzeug reise, musste ich den ein oder anderen Job auch schon mal absagen – einfach, weil es terminlich nicht ging. Ich wäre nicht rechtzeitig hingekommen.

Welchen Rat, welche Tipps willst du unseren Lesern mitgeben, damit sie ihr eigenes Verhalten einmal überprüfen oder gar ändern?

Niemand muss auf alles verzichten, was Spaß macht. Niemand muss sein ganzes Leben umkrempeln. Aber wenn wir uns alle Gedanken machen und kleine Dinge tun – dann hilft uns das auch allen!

REISEN, ABER RICHTIG

Reisen ist wichtig! Andere Menschen, andere Kulturen kennenlernen: Das eröffnet uns neue Horizonte, ein besseres Verständnis für die Vielfalt der Welt, in der wir alle leben. Aber Reisen bedeutet natürlich auch, Ressourcen zu verbrauchen. Die Umwelt zu belasten. Wie kriegt man das unter einen Hut?

IM FRÜHJAHR 2020 BEGANN die Coronakrise, plötzlich waren alle Grenzen dicht, Flugzeuge blieben am Boden – und die Menschen fingen an, ihre Freizeit und ihre Ferien zu Hause oder im nächsten Umfeld zu verbringen. Das ist natürlich extrem nachhaltig. Zum einen gut für die Umwelt – zum anderen gut für die Geldbeutel eurer Eltern. Aber es ist natürlich nicht gut, um neue Gegenden und Menschen kennenzulernen. Und es ist auch nicht gut für die Leute, die vom Tourismus leben. Denn die verlieren ihre Arbeit und somit ihre Einkünfte, wenn niemand mehr reist. Also lasst uns reisen, wenn wir können – aber richtig! Bevor ihr euch das nächste Mal mit euren Familien oder als Schulklasse auf die Socken macht, gibt es hier ein paar Tipps, worauf ihr achten könnt, um möglichst umweltbewusst unterwegs zu sein.

Das fängt natürlich mit der Wahl des Verkehrsmittels an, das euch von A nach B bringt. Flugzeuge verursachen viel mehr CO_2 als beispielsweise Bahnen oder Busse. Und am ökologischsten ist es natürlich, ihr nutzt eure eigenen Beine oder ein Fahrrad. Allerdings: Über ein Meer oder auch nur ans andere Ende Deutschlands schafft ihr es so sicher nicht. Oder es dauert sehr, sehr lange. Was ja auch schon wieder etwas hat: Schließlich kann das Reisen selbst Teil des Urlaubs sein.

ES GIBT MENSCHEN, die Bahn fahren, weil sie gern Bahn fahren – nicht weil sie möglichst schnell ans Ziel gelangen wollen. Ein Wanderurlaub vor der Haustür mit Bad im See ist meist umweltfreundlicher als ein Strandurlaub am Mittelmeer. Aber vielleicht könnt ihr euch mit eurer Familie einfach Zeit nehmen und gönnt euch die lange Bahnfahrt dorthin, statt den Flieger zu nehmen. Dabei lernt ihr unterwegs

sicher eine Menge, die euch sonst entgangen wäre!

Einmal am Ziel angekommen, spielt der Ort, an dem ihr untergebracht seid, natürlich auch eine Rolle. Es gibt Jugendherbergen, Campingplätze oder Hotels, die mit ihrem ökologischen Konzept werben. Das bedeutet zum Beispiel, dass beim Frühstücksbuffet nicht alles einzeln verpackt, das Essen aus regionaler und biologischer Landwirtschaft mit vegetarischem oder veganem Angebot ist. Solche Häuser nutzen oft Ökostrom und versuchen gleichzeitig Energie einzusparen – zum Beispiel indem das Gebäude gut isoliert ist, um wenig Heizenergie zu verlieren. Sie bieten einen Abholservice von Bus und Bahn an und bezahlen die Menschen, die für sie arbeiten, korrekt. Im Bad findet ihr Seifenspender statt einzeln verpackter Stücke oder Minifläschchen.

WO DAS NICHT DER FALL IST, weist darauf hin! Fragt interessiert und freundlich nach, wenn euch etwas ein- oder auffällt, zum Beispiel danach, womit das Gebäude geheizt wird oder warum die Butter nicht lose angeboten wird. Ihr könnt den Anfang machen, und wenn das mehr Leute tun, hat das durchaus eine Wirkung! Im Kapitel Natur verweisen wir auf die Naturfreundehäuser. Hier ist der ökologische Anspruch selbstverständlich. Aber es gibt auch andere Verbände, in denen sich entsprechende Häuser und Einrichtungen zusammengetan haben, verschiedene davon sind etwa in der Übersicht auf https://utopia.de/ratgeber/nachhaltig-reisen-oeko-reiseportale/ zusammengestellt. Sie alle zusammen treten den Nachweis an: Reisen und Nachhaltigkeit müssen sich nicht ausschließen.

ECO BUS

CAR SHARING
CAR SHARING
CAR SHARING

WAS UNS MORGEN BEWEGT

Immer mehr Benzinschleudern, immer längere Staus? Das will niemand! Aber wie werden wir uns stattdessen in Zukunft fortbewegen? Vieles wird heute schon probiert, was morgen noch viel weiter gehen wird. Oder besser: fahren …

BENZIN SAUFENDE AUTOS sind Schnee von gestern? Schön wär's! Anfang 2020 bewegten sich gerade mal drei von hundert Autos auf deutschen Straßen ausschließlich elektrisch fort. Der riesige Rest benötigt dafür noch immer Brennstoffe aus Erdöl, dessen Förderung und Produktion die Umwelt verschmutzen – und das beim Verbrennen ohne Ende CO_2 freisetzt. Da sich zudem immer mehr Menschen auf der Welt gern in einem fahrbaren Untersatz fortbewegen wollen, muss sich was ändern. Und da gibt es tatsächlich schon einiges zu beobachten, was in eine gute Zukunft weisen könnte.

Seit einigen Jahren wächst zum Beispiel die Zahl der strombetriebenen Fahrzeuge. Ja, noch ist es eine Minderheit, aber es werden stetig mehr. Auch weil der Kauf vom Staat seit der Coronakrise nochmal stärker gefördert und auch in den Ausbau der Ladestationen investiert wird. Flüsterleise und ohne direkten CO_2-Ausstoß fahren E-Autos und -Busse: toll! Allerdings nicht nur. Denn auch auf ihr Konto gehen eine Menge Treibhausgase. Sie entstehen vor allem bei der Produktion der Batterien – die darüber hinaus auch in anderer Weise die Umwelt strapaziert, weil beispielsweise enorm viel Wasser benötigt wird.

Außerdem hängt die Bilanz natürlich davon ab, wie der Strom erzeugt wurde, mit dem diese Batterien geladen werden. Entstammt der ausschließlich erneuerbaren Energien, ist der CO_2-Ausstoß von einem E-Auto über das ganze Leben deutlich geringer als bei einem,

das mit Benzin betrieben wird. Er bleibt trotzdem so hoch, dass E-Autos allein nur ein Teil der Lösung für unsere Mobilität von morgen sein können.

NATÜRLICH GIBT ES ALTERNATIVEN: Zur Schule mit dem Bus, zum Sport mit dem Rad und zur Freundin einfach zu Fuß. Wahrscheinlich nutzt auch ihr unterschiedliche Verkehrsmittel, um an euer Ziel zu kommen. Je nachdem, was ihr vorhabt und was praktisch ist. Das ist ein Trend, der immer mehr zunimmt. Sowie auch, dass ihr inzwischen gar keinen eigenen Drahtesel mehr besitzen müsst, um damit zum Bahnhof zu kommen oder ein Wohnmobil, um mit euren Eltern in den Urlaub zu fahren. Dafür gibt es viele Sharing-Systeme – was nicht nur die Umwelt schont, sondern auch den Geldbeutel. Kein Wunder, dass diese Angebote gerade in größeren Städten immer vielfältiger und auch beliebter werden.

Ein anderer Trend: Wenn ihr mal erwachsen seid, wollt ihr euch vielleicht auch mal ans Steuer setzen. Das ist in Ordnung. Aber euch sollte klar sein, es kostet ganz schön viel Konzentration und vor allem: Zeit! Zeit, die euch für andere Dinge fehlt. Da ist es eine schöne Vorstellung, dass uns in Zukunft vermutlich immer mehr autonom fahrende Autos und Busse wie von Geisterhand sicher von A nach B bringen. Damit wird das Auto zu einem Raum, wo der Fahrer die Fahrzeit nutzen kann, um beispielsweise zu lesen. Aber stopp mal: Wenn jeder in seinem eigenen autonomen Auto umherkutschiert wird, werden das dann nicht trotzdem immer mehr Autos? Hatten wir nicht eben noch gesagt, das geht auf Dauer nicht?

Stimmt! Aber hier gilt ebenso: Erstens Sharing, zweitens wird es auch künftig nicht immer ein Auto sein müssen und drittens tüfteln viele Verkehrsplaner zudem an immer schlaueren Bus- und Bahnnetzen – wo wir übrigens heute schon prima andere Dinge erledigen können, während wir bequem zu unserem Ziel kutschiert werden.

ÜBRIGENS: AUTONOME FAHRZEUGE brauchen nicht nur keine Fahrer mehr, sie sind außerdem mit allen anderen Fahrzeugen um sie herum in Verbindung. So finden sie automatisch die kürzesten Routen, vermeiden Unfälle und Staus; wissen, wo der nächste freie Parkplatz ist. Kaum zu glauben, aber wahr: Manchen Schätzungen zufolge besteht in Großstädten bis zu einem Drittel des Straßenverkehrs aus Parkplatzsuche! Sind die Fahrzeuge indes Teil eines Sharing-Modells, parken sie vermutlich gar nicht, sondern bewegen pausenlos Menschen von einem Ort zum anderen. Vorteil dabei: Es werden insgesamt weniger Verkehrsmittel benötigt. Stellt euch nur vor, was man mit all den ungenutzten Parkplätzen machen könnte! Aktuell steht ein Auto im Schnitt 23 Stunden am Tag herum, statt benutzt zu werden.

All das klingt hoffnungsvoll, das sind alles Schritte in die richtige Richtung. Aber bitte nicht vergessen: Viele dieser Lösungen funktionieren nur in Städten. Und in wohlhabenden Ländern wie Deutschland. Wenn aber jeder Erdenbürger das gleiche Recht auf Mobilität haben soll, kann uns vermutlich nur eines retten: nicht mehr, sondern weniger Fortbewegung für alle!

WER ENGAGIERT SICH NOCH?

Schon seit den Anfängen der Umweltbewegung in den 1970er-Jahren gibt es in vielen Städten Menschen, die sich für mehr Gerechtigkeit, Sicherheit und Klimaverträglichkeit im Verkehr einsetzen. Weil immer noch viel zu tun ist, kommen nach wie vor neue Organisationen, Initiativen und Projekte dazu.

SECHSSTELLIG AUF ZWEI RÄDERN

Der **ALLGEMEINE DEUTSCHE FAHRRAD-CLUB (ADFC)** ist ein Verkehrsclub und macht sich bereits seit mehr als 40 Jahren in der Politik für den Radverkehr stark. Er bietet aber auch Pannenhilfe und Versicherungen für Menschen an, die mit dem Rad oder zu Fuß unterwegs sind. Der ADFC mit seinen 185.000 Mitgliedern in Deutschland setzt sich für eine ökologisch vernünftige Verkehrsmittelwahl ein. Heißt kurz gesagt: Wann immer es Alternativen gibt, sollte das Auto stehen bleiben.

EINE FÜR ALLE

Projekte, Organisationen und Aktionen rund ums Thema Radfahren gibt es jede Menge. Wie soll man da bitteschön den Überblick behalten? Ganz einfach: Durch einen Blick auf die Seite **WWW.FAHRRAD-INITIATIVEN.DE.** Auf dieser Plattform sind immer mehr Fahrradaktivisten unterwegs – und euch bietet sie die Chance eine Peilung zu bekommen, wer was wann wo macht. Ihr könnt hier Expertinnen und Experten zum Thema finden, euch mit ihnen vernetzen und Erfahrungen austauschen.

POLITISCHER DRUCK, PRAKTISCHE HILFE

Auch der **VERKEHRSCLUB DEUTSCHLAND (VCD)** will weg vom Auto – und hin zu mehr Fuß-, Rad-, Bus- und Bahnverkehr. Er will also weg von fossilen Treibstoffen und hin zur CO_2-freien Mobilität. Seit 1986 macht der VCD Druck auf die Politik und begleitet deren Entscheidungsprozesse mit unabhängigen Fachleuten. Der VCD hat aber auch viele Ortsgruppen, die eigene Projekte und Aktionen durchführen – oder anderen dabei helfen. Beispiel: Ihr wollt eine Ausstellung zum Thema nachhaltige Mobilität an eurer Schule organisieren? Der VCD kann euch mit Material unterstützen.

FRISCH AUS DER FAHRRADKÜCHE

Gekochte Fahrräder? Sicher nicht! Zwar steckt im Namen das englische Wort für Küche, aber Herd und Ofen findet ihr in **BIKE KITCHENS** eher nicht, es sind nämlich Fahrrad-Selbsthilfewerkstätten. Hier könnt ihr hingehen, wenn ihr euer Fahrrad reparieren wollt. Es gibt Werkzeuge, gebrauchte Teile – und vor allem engagierte Menschen, die sich auskennen und euch helfen können. Ab und zu werden auch gebrauchte Fahrräder verkauft und Reparaturkurse angeboten. Bike Kitchens gibt es in vielen Städten, in manchen Großstädten oft mehrere. Einfach mal zusammen mit dem Namen eures Wohnortes im Internet suchen.

MIT PACKESELN AUF DER STRASSE ROLLEN

Lastenräder sind eine umweltfreundliche Möglichkeit, um Einkäufe, Menschen oder sogar Möbel quer durch die Stadt zu transportieren. Da man die praktischen aber teuren Gefährte nicht täglich braucht, gibt es inzwischen viele, die ihre Lastenräder verleihen. Oft sogar kostenlos! Wie das geht? Auf **WWW.DEIN-LASTENRAD.DE** findet ihr über 90 Initiativen, die kostenlos Lastenräder zur Ausleihe anbieten. Einziger Haken: In der Regel muss über 18 Jahre alt sein, wer ein Rad leihen will. Also erzählt am besten gleich euren Eltern davon.

FLIEGEN MIT BESSEREM GEWISSEN

Obwohl Flugzeuge jede Menge klimaschädliche Treibhausgase in die Atmosphäre pusten, steigen trotzdem noch viele Menschen ein, um in den Urlaub oder auf Geschäftsreise zu gehen. Für alle diese Leute gibt es die Organisation **ATMOSFAIR**, die anbietet, die Klimagase zu kompensieren, die bei einer Flugreise entstehen. Das geht so: Die Passagiere zahlen einen Klimaschutzbetrag, dessen Höhe von der Länge der Strecke abhängt. Und atmosfair verwendet das Geld dann dazu, den Ausbau erneuerbarer Energien in Ländern zu fördern, wo es diese noch kaum gibt.

WAS KÖNNT IHR TUN?

Selbst wenn ihr noch kein Auto habt, oder der Flug in den Urlaub von euren Eltern gebucht wird – es gibt viel, was ihr für den Klimaschutz im Verkehr tun könnt. Hier sind ein paar Tipps für den Alltag und mögliche Aktionen.

ÖFFIS FAHREN

Ob in den Urlaub oder ein Ausflug am Wochenende: Fahrt öfters mal mit Bus oder Bahn und überredet eure Eltern mitzumachen. Das verursacht viel weniger Treibhausgase als mit dem Auto – und extrem viel weniger als mit dem Flugzeug. Außerdem: Im Vergleich zum Auto, kann die Reise mit der Bahn und dem Bus auch viel entspannter sein. Eure Eltern müssen nicht auf den Verkehr achten und haben dann mehr Zeit und Aufmerksamkeit für euch.

UNTERWEGS ALS KRITISCHE GRÖSSE

In vielen Städten fahren regelmäßig Hunderte, manchmal Tausende zusammen Fahrrad – bei der sogenannten »Critical Mass«, englisch für »kritische Masse«. Sie setzen ein Zeichen für fahrradgerechteren Straßenverkehr. Durch die Einschränkungen infolge von Corona, fielen viele der Demos zwar eine Weile flach oder fanden eingeschränkt statt, aber inzwischen rollen sie wieder. Auch bei euch? Auf **www.criticalmass.de** bekommt ihr einen guten Überblick. Nervt also eure Eltern so lange, bis sie mit euch mitmachen. Übrigens: In manchen Orten gibt es speziell für Kinder und Familien die »Kidical Mass«.

IN DIE PEDALE TRETEN

Radfahren macht nicht nur Spaß, es ist auch gesund, umweltfreundlich und günstig. Interessant für die Eiligen unter euch: Bei Strecken unter fünf Kilometern ist das Rad in Großstädten meist sogar schneller als ein Auto. Schönen Gruß an eure Eltern, wenn die euch das nächste Mal mit dem Auto irgendwohin bringen möchten. Denn das gilt auch für sie. Und lasst euch bei schlechtem Wetter nicht abhalten, es gibt schließlich Regenklamotten, um trocken zu bleiben.

DEMO GEGEN ELTERNTAXIS:

Gerade vor Schulen ist der Autoverkehr oft gefährlich, weil ausgerechnet die Eltern, die ihre Kinder eigentlich sicher zur Schule bringen möchten, zur echten Gefahr für die anderen Kinder werden. Vielleicht hilft dies: Veranstaltet eure eigene Demo direkt dort, wo euch sonst die Elterntaxis belästigen. Die Demo meldet ihr mindestens zwei Tage vorher bei der Polizei an. Dann besorgt ihr viel bunte Kreide. Macht Einladungsflyer und verteilt sie, aktiviert eure Mitschüler über WhatsApp und Co. Haut mal richtig auf den Putz, damit das mit den Elterntaxis vor der Schule aufhört.

SPRECHT ES AUS!

Manchmal versperren Autos den Fuß- oder Fahrradweg oder sie überholen euch zu eng oder zu schnell. Das kann schnell gefährlich werden – und verboten ist es obendrein. Wenn ihr dazu die Gelegenheit habt, sprecht den betreffenden Fahrer oder die Fahrerin ruhig an und sagt ihnen freundlich aber bestimmt, wie ihr das findet. Wenn das Auto ohne Fahrer auf eurem Weg parkt, könnt ihr auch auf einem Zettel an der Windschutzscheibe eine Nachricht hinterlassen.

»Wir müssen den Mut haben,
über den Kern des Problems zu reden,
also nicht nur über Klimaschutz,
sondern über globale Ungerechtigkeit
und welche politischen Strukturen
diese Ungerechtigkeit stützen.
Wir sind die letzte Generation,
die die Chance dazu hat!«

CAROLA RACKETE

KAPITEL 7

MENSCH

EINLEITUNG

ÜBERNEHMT VERANTWORTUNG!

Was auf dem Schulhof manchmal schwerfällt, scheint für die Menschheit ungleich schwieriger: ein harmonisches Zusammenleben, bei dem jeder zu seinem Recht kommt. In diesem Kapitel werdet ihr viel über Menschen lesen, denen es nicht gut geht – und andere kennenlernen, die ihnen helfen und versuchen, ihre Lage zu verbessern. Wann, wie und warum sind auch wir verantwortlich und was können wir tun?

ALLE MENSCHEN HABEN die gleichen Rechte, so steht es in unserem Grundgesetz, gleich am Anfang, im dritten Artikel. Dafür ist es egal, ob ihr alt oder jung seid, welche Sprache ihr sprecht, ob ihr an Gott glaubt oder nicht. Es spielt keine Rolle, ob ihr viel Geld habt oder nicht, jede Menge Freunde oder keinen. Ob ihr die Farbe Rot mögt oder den Geruch von Heu – oder beides nicht leiden könnt. Das ist alles okay, solange alle gut leben können. Auch miteinander. Das heißt, so lange die Vorlieben und Wünsche des einen nicht einem anderen schaden. Ein alltägliches Beispiel: Louisa hat Appetit auf das Pausenbrot von Jan und nimmt es ihm einfach weg. Sicherlich habt ihr solche oder ähnliche Situationen schon erlebt. Im Kleinen. Doch auch die großen Probleme der Welt haben mitunter damit zu tun, dass etwas weggenommen wird. Was anders ist: Auf dem Schulhof oder im Klassenzimmer kennt ihr euch. Deswegen können solche Zwischenfälle in der Regel recht leicht besprochen und geklärt werden.

IN DER »GROSSEN« WELT IST ES außerdem oft so, dass man jemandem etwas wegnimmt, den man gar nicht kennt, nie kennenlernen wird – und vielleicht auch, ohne dass man es überhaupt möchte. Beispiel? Wenn wir hier ein billiges T-Shirt kaufen, dann bekommt woanders jemand nicht genug Geld für seine Arbeit. Hier wird die Frage noch schwieriger: Bin ich

persönlich verantwortlich, dass eine Textilarbeiterfamilie in Bangladesch nicht genug zum Leben hat? Oder ist es derjenige, der dort nur Hungerlöhne zahlt? Oder diejenige, die einen Laden für Billig-Shirts betreibt?

Die ungerechte Verteilung auf unserem Planeten ist übrigens Ergebnis einer sehr langen Geschichte. Sie führt immer wieder dazu, dass Menschen aus ihrem Zuhause wegziehen müssen, um nicht zu verhungern. Manchmal müssen sie aber auch gehen, weil andere meinen, dass sie zum Beispiel die falschen Menschen gernhaben oder den falschen Gott anbeten.

ES GIBT VIELE URSACHEN für Ungerechtigkeit in der Welt. Zum Glück gibt es Menschen, die dagegen kämpfen. Wie die mutige Carola Rackete (siehe Seite 156–159) oder Bruder Michael (Seite 162–163). Wie kommen sie dazu, sich zu engagieren, obwohl sie die Menschen, denen sie helfen vorher gar nicht kannten? Was bringt Menschen dazu, Verantwortung für andere zu übernehmen? Wer greift auf dem Schulhof beherzt ein und sorgt dafür, dass Jan sein Brot zurückbekommt? Dazu gehört immer eine Portion Mut und Entschlossenheit. Das traut sich nicht jede und jeder! Wie ist das bei euch? Überlegt mal, vielleicht gemeinsam mit euren Freunden und Freundinnen, was ihr bräuchtet, um so entschlossen gegen Ungerechtigkeit einzutreten.

INFOGRAFIK

AUF DER FLUCHT

Weltweit sind rund 80 Millionen Menschen auf der Flucht – so viele, wie Deutschland Einwohner hat. Die Ursachen dafür sind vielfältig, sie reichen von Klimawandel bis Krieg.

Klimawandel

Durch den Anstieg des Meeresspiegels verlieren Millionen Menschen in Küstenregionen und auf Inseln ihr Zuhause. Sie müssen ihre Heimat verlassen und sichere Wohnorte suchen.

Keine Aussicht auf selbstbestimmtes Leben

Vielerorts werden Menschen wegen ihrer Herkunft, Religion, der politischen Meinung, sexuellen Identität oder ihres Aussehens diskriminiert und verfolgt. Manche entscheiden daher, dorthin zu gehen, wo sie freier leben können.

Durch zunehmende Trockenheit und Dürren wachsen die Wüsten. Bäuerinnen und Bauern verlieren ihr Land. Auf der Suche nach fruchtbarem Boden ziehen sie um.

Krieg und Gewalt sind nach wie vor die häufigste Ursache, die Heimat zu verlassen. Schätzungsweise 40 Prozent aller Flüchtlinge weltweit sind jünger als 18 Jahre!

CAROLA RACKETE, geboren 1988, ist Naturschutzökologin und Kapitän (die Bezeichnung Kapitänin mag sie nicht besonders). Sie wurde quasi über Nacht berühmt, als sie im Sommer 2019 das Schiff der Hilfsorganisation SEA-WATCH mit Geflüchteten an Bord in den Hafen der Mittelmeerinsel Lampedusa steuerte – obwohl es die italienischen Behörden verboten hatten.

IM INTERVIEW:
CAROLA RACKETE

HANDELN STATT HOFFEN

Carola Rackete wurde bekannt, weil sie Menschen in Not auf See geholfen hat. Dadurch bekam sie Ärger mit den italienischen Behörden. Doch sie würde es jederzeit wieder tun, wie sie im Interview mit der Journalistin Theresa Leisgang verrät.

Wie kam es dazu, dass du Kapitän eines Seenotrettungsschiffes wurdest?

Naja, wir alle konnten in den Nachrichten sehen, dass die Menschen ganz konkret Hilfe brauchen – dass die europäischen Behörden aber keine Schiffe mehr geschickt haben. Deshalb habe ich mich als Freiwillige gemeldet. Viele Leute in Europa sehen immer nur die Zahlen: 40.000 gefangen zwischen Milizen und Mittelmeer im libyschen Bürgerkrieg, 25.000 im Flüchtlingslager Moria auf der Insel Lesbos, 53 Gerettete auf der Sea-Watch. Doch wir reden hier von Menschen, nicht von Zahlen. Jeder von ihnen hat eine individuelle Geschichte. Man muss nur mal mit Kindern sprechen, die neu nach Deutschland gekommen sind. Es ist wichtig, dass wir als Gesellschaft wach sind, gerade wenn die Politik nicht hilft. Klar, nicht jeder kann ein Schiff steuern – aber jeder kann etwas tun.

Würdest Du nochmal zu einem Rettungseinsatz ins Mittelmeer fahren?

Für mich steht fest: Solange Menschen an unseren Grenzen sterben, müssen wir ihnen helfen. Deshalb ist meine Telefonnummer immer noch auf der Notfall-Liste von Sea-Watch, falls ein Kapitän krank wird. Dann kann ich spontan einspringen, wenn ich Zeit habe. Ich würde mir allerdings wünschen, dass

wir dann schnell einen sicheren Hafen bekommen, wie es die internationalen Gesetze vorschreiben. Einen Medienrummel wie beim letzten Mal brauche ich nicht noch einmal. Seit ich in Italien festgenommen wurde, kennt dort jeder meinen Namen. Ich kann in Mailand also nicht mehr durch die Straßen laufen, ohne dass mich jemand anspricht.

Wie wird man überhaupt Aktivistin?

Eigentlich bin ich Wissenschaftlerin und Nautikerin. Als ich auf einem Forschungsschiff mitgearbeitet habe, wo gemessen wurde, wie schnell das Eis am Nordpol schmilzt, habe ich aber gemerkt: Wir wissen eigentlich längst, wie schlecht es unseren Ökosystemen geht. Die Fakten sind da, nur die Politik tut nichts. Also will ich etwas tun. Deshalb habe mich dann bei verschiedenen Umweltorganisationen engagiert. Aktivistin sein heißt einfach: aktiv werden. Die meisten Aktivisten haben noch einen anderen Beruf, sie engagieren sich in ihrer Freizeit für Klimagerechtigkeit oder eine autofreie Stadt. Ich verdiene mein Geld zum Beispiel auch nicht bei Sea-Watch, sondern auf anderen Schiffen.

Wer sind deine Vorbilder?

Ich bewundere Menschen, die schon heute mit der Krise fertig werden müssen, die für andere noch irgendwo in der Zukunft liegt. Meine Freundin Hindou Oumarou Ibrahim zum Beispiel, sie kommt aus dem Tschad in Afrika. Der See, an dem sie aufgewachsen ist, war mal einer der größten Seen der Welt. Heute sieht der Tschadsee aus

der Luft betrachtet nur noch aus wie eine Pfütze, 90 Prozent des Wassers sind unter anderem wegen des Klimawandels vertrocknet.

Ein konkretes Vorbild habe ich nie gehabt, aber es gibt so viele Menschen wie Hindou, die im globalen Süden großartige Arbeit leisten, Wälder beschützen, gegen Ölkonzerne kämpfen, sich für die Umwelt engagieren.

Und was macht dir Mut?

Ich finde, Mut bekommt man, wenn man weiß, dass man das Richtige tut. Man ist ja nicht mutig, weil man keine Angst hat, sondern weil man weiß, dass es schlimmer wäre, noch länger zu warten, als jetzt zu handeln. Mut ergibt sich auch durch die Gemeinschaft von Leuten, die für dasselbe kämpfen wie ich. Was die Klimakrise angeht, hoffen viel zu viele in Europa immer noch auf technische Lösungen, einen CO_2-Preis oder ein Tempolimit. Das wird aber nicht reichen, denn die ökologischen Krisen entstehen aus der globalen Ungerechtigkeit. Deswegen müssen wir den Mut haben, über den Kern des Problems zu reden, also nicht nur über Klimaschutz, sondern über globale Ungerechtigkeit und welche politischen Strukturen diese Ungerechtigkeit stützen. Ich finde es ermutigend, wie viele bei den Demonstrationen von »Fridays for Future« schon auf der Straße waren oder Kohlekraftwerke blockiert haben. Wenn wir uns zusammentun, können wir uns eine bessere Zukunft erkämpfen. Wir sind die letzte Generation, die die Chance dazu hat!

IM INTERVIEW:
ANNETTE KRÜGER

JEDE SOLL RADFAHREN KÖNNEN!

Als im Jahr 2015 Hunderttausende geflüchtete Menschen in Deutschland Schutz suchten, war für Annette Krüger klar: Ich will helfen. Aus ihrer Leidenschaft Radfahren entstand auf diese Weise #BIKEYGEES e.V. – Radfahrtraining für (geflüchtete) Frauen und Mädchen.

Bikeygees klingt interessant. Was bedeutet das?

Es ist ein zusammengesetztes Wort aus »bike« (Englisch für Fahrrad) und »refugees« (Englisch für Geflüchtete). Wir bieten Radfahrtraining für Frauen und Mädchen an.

Wie und wann habt ihr damit angefangen?

Im Jahr 2015 haben viele Menschen in Deutschland Schutz gesucht, unter anderem aus Syrien, wo bis heute ein schrecklicher Bürgerkrieg tobt. Ich wollte helfen – und ich liebe Fahrradfahren. Denn das macht mich glücklich und meinen Kopf frei. Außerdem ist es ein gesundes und klimafreundliches Transportmittel. Darum dachte ich, dass es sicher eine schöne Sache wäre, genau das für Menschen anzubieten, denen es gerade nicht gut geht. Wir sind damals einfach mit einer Luftpumpe und einem Fahrradhelm in eine Notunterkunft gegangen. Es kamen gleich viele Kinder zu uns, die neugierig waren. Die konnten meist schon Fahrrad fahren, aber ihre Mütter nicht. In vielen Ländern der Welt ist es nämlich immer noch keine Selbstverständlichkeit, dass Frauen radeln. So wie das übrigens vor 100 Jahren in Deutschland auch nicht üblich war. Wir sind also mit den Mamas auf einen Parkplatz nebenan gegangen und haben es ihnen beigebracht. Inzwischen bieten wir das Fahrradfahrtraining auch an vielen anderen Orten an. Bis heute haben wir ungefähr 1.000 Mädchen und Frauen das Fahrradfahren beigebracht.

Klingt einfach. Kann das nicht jede und jeder machen?

Klar! Nehmt ein Fahrrad und geht zur nächsten Unterkunft oder einem Nachbartreff oder wo immer vielleicht Mädchen sein könnten, die noch nicht

ANNETTE KRÜGER, geboren 1971, wohnt in Berlin und ist Mitgründerin von #BIKEYGEES e.V. Die DJane, Event-Managerin und Dozentin hat in ihrem Leben schon viel ehrenamtlich gearbeitet – weil Geld nie ihr Antrieb war: Es macht sie glücklicher,wenn sie etwas Sinnvolles tun und anderen helfen kann. Mehr dazu: www.bikeygees.org

Fahrrad fahren können. Fragt dort, ob eines von ihnen es lernen möchte. Ihr müsst euch wahrscheinlich nicht lange umsehen, um ein Mädchen zu finden, das »hurra!« ruft. Sucht einen autofreien, geschützten Platz. Fragt zum Beispiel an eurer Schule, ob ihr das vielleicht auf dem Pausenhof machen könnt.

Und wenn ihr schon an der Schule seid: Vielleicht wäre das auch Thema für eine Projektwoche? Nehmt das Mädchen, dem ihr Fahrradfahren beibringt zu zweit zwischen euch. Haltet sie am Arm fest und seid dabei vorsichtig. Tragt dabei einen Helm und nehmt zum Beispiel ein Klapprad. Ein Tipp aus meiner Erfahrung: Umso kleiner die Aufgabe zunächst ist, desto größer ist die Chance, sie zu schaffen. Das motiviert dann so sehr, dass eure Schülerin sicher weitermachen will – und ihr auch. Sucht euch daher Verbündete. Das können eure Omas oder Schulfreunde sein. Nutzt das Schwarze Brett in der Schule oder das Internet. Dort gibt es auch einige Videos, wo gezeigt wird, wie Radfahren lehren geht.

Und was treibt dich persönlich an?

Mir war immer wichtig, etwas Sichtbares in dieser Welt zu bewegen. Freude ist das einzige, das mehr wird, wenn es geteilt wird. Darum mache ich das gerne, und es ist Spaß für alle Beteiligten. Ein toller Moment ist immer wieder, wenn eine Frau Fahrrad fahren lernt. Erst noch ganz unsicher und wackelig – und auf einmal fährt sie alleine los. Das ist fantastisch mit anzusehen! Ich brauche nicht Doktorin werden, um was zu verändern. Ich kann ganz viel sichtbar hier vor Ort verändern und muss nicht warten, bis jemand das »von oben« macht. Wie sagte außerdem schon der Kinderbuchautor Erich Kästner: »Es gibt nichts Gutes, außer man tut es!«

BRUDER MICHAEL WIES

DRAUSSEN LEBEN IST NICHT ROMANTISCH

Sicherlich habt ihr schon einmal obdachlose Menschen gesehen oder seid von ihnen um Geld gebeten worden. Wer sind diese Leute – und wie kann man ihnen am besten helfen? Bruder Michael Wies berichtet von seinen Erfahrungen aus der Arbeit im Frankfurter Franziskustreff.

OBDACHLOSE MENSCHEN HEISSEN SO, weil sie kein Dach über dem Kopf haben, keine Wohnung, in der sie die Tür hinter sich schließen können, sicher, warm und trocken sind. Manche legen sich in einen Schlafsack unter eine Brücke oder auf die nächstbeste Parkbank, andere leben in einem Zelt. Als wäre das nicht schlimm genug, werden sie von vielen Mitmenschen komisch angeschaut oder gar vertrieben. Stellt euch ein solches Leben einmal kurz für euch selbst vor. Richtig: Daran ist nichts, aber auch gar nichts romantisch!

Wegen der immer teureren Wohnungen in den Städten gibt es leider immer mehr Menschen, die so leben müssen. Aber es gibt Organisationen, die Hilfe anbieten. Eine davon ist der Franziskustreff in Frankfurt am Main, für den ich arbeite. An fast jedem Tag werden dort obdachlose und arme Menschen mit einem Frühstück bedient. Sie werden als Gäste behandelt – wie in einem Café oder Restaurant. Und jeder einzelne wird mit Handschlag begrüßt. Wer frühstücken will, setzt sich und legt einfach 50 Cent auf den Tisch. Ehrenamtliche Helferinnen und Helfer fragen dann, was der Gast sich wünscht: Kakao oder Kaffee, Marmelade, Käse, Wurst, Vollkornbrot oder Weißbrot

IN GUTEN MOMENTEN bekommt manch einer dann Lust, über seine Probleme zu sprechen. Genau dafür arbeitet direkt neben dem Frühstücksraum eine Sozialarbeiterin. Sie kann die Hilfebedürftigen beraten und gemeinsam mit ihnen überlegen, was er oder sie jetzt als nächsten tun könnte. So hat schon mancher, der eben noch obdachlos war, einen Schritt zu Arbeit und Wohnung gemacht.

BRUDER MICHAEL WIES,
geboren 1985, ist Mitglied im Kapuzinerorden und leitet den Franziskustreff für Obdachlose in Frankfurt am Main. Er ist gläubiger Christ und will mit Gottes Hilfe die Nächstenliebe leben. Auch deshalb gibt er die Hoffnung in seine Mitmenschen nie auf.

Der Franziskustreff wurde von einem Mitglied des Kapuzinerordens gegründet. Auch ich bin Mitglied in diesem Orden, und meine Vorbilder sind die beiden Heiligen Franziskus – nach dem unser Treff benannt ist – und Klara von Assisi, die vor etwa 800 Jahren lebten. Sie kamen aus wohlhabenden Familien, verzichteten aber bewusst auf jeden Reichtum und zogen es vor, mit den Armen zu leben. Das imponiert mir sehr!

Seit fünf Jahren arbeite ich in der Obdachlosenhilfe und im Franziskustreff. Was mich bei der Arbeit immer wieder motiviert, ist zu sehen, dass ich nicht allein bin. Es gibt viele, die sich mit mir engagieren. Aus den unterschiedlichsten Gründen. Denn anderen zu helfen, ist eine ganz persönliche Angelegenheit. Und jeder ist zum Glück frei, selbst zu entscheiden, ob und wie er das möchte.

WENN IHR DAS AUCH PROBIEREN WOLLT, erkundigt euch im Rathaus oder bei der Polizei, welche Hilfsangebote es in eurem Ort gibt. Wenn ihr eine Einrichtung gefunden habt, fragt dort, was gebraucht wird, was ihr tun könnt. Viele Einrichtungen bieten Praktikumsplätze an. Bei uns im Franziskustreff helfen oft Schülerinnen und Schüler während der Ferien aus. Aber es geht natürlich auch auf einem Level darunter: Jemandem, der bettelt, etwas zu Essen oder Geld zu geben, hilft bereits. Zumindest kurzfristig. Noch besser ist es oft, mit den Menschen zu sprechen, auf sie zuzugehen. Solche Zuwendung kostet nichts, zeigt aber, dass du diese Person wertschätzt. Und das ist etwas, was viele Obdachlose leider nicht so oft erfahren. Apropos erfahren: Auch für euch kann das eine prägende Erfahrung sein, die den eigenen Horizont erweitert.

IHR HABT RECHT(E)!

Die UN-Kinderrechtskonvention: Hinter diesem Wortungetüm verbirgt sich seit mehr als 30 Jahren weit mehr als eine gute Absicht.

QUIZFRAGE: WORUM GEHT ES im erfolgreichsten Menschenrechtsabkommen der Weltgeschichte? Um euch! Die UN-Kinderrechtskonvention wurde am 20. November 1989 von der Vollversammlung der Vereinten Nationen (UN) in New York verabschiedet, in den Folgejahren haben fast alle Länder der Erde die 54 Artikel des Vertrages bestätigt. Darin geht es um Gleichberechtigung und Mitsprache, es geht um den Anspruch auf Gesundheit und Geborgenheit, das Recht zur freien Meinungsäußerung. Moment mal, denkt ihr jetzt vielleicht, wieso brauchen Kinder eigene Rechte – gelten für sie nicht dieselben Bestimmungen, Vorschriften und Gesetze wie für Erwachsene? Freie Meinungsäußerung, das steht doch schon im Grundgesetz. Doppelt hält besser, oder was?

Tatsächlich zeigt die Geschichte bis heute, dass diese gleichen Rechte leider sehr theoretisch sein können. In Krisenzeiten, wenn Krieg herrscht, Menschen auf der Flucht sind oder Hungersnöte ausbrechen, bekommen Kinder die Folgen meist am härtesten zu spüren. Die weltweite Coronakrise, die im Frühjahr 2020 begann, habt ihr mit Glück nur als ewig lange Ferien und Schule von zu Hause erlebt. Ganz anders sieht das in Ländern aus, wo es nicht gelungen ist,

DIE WICHTIGSTEN KINDERRECHTE!

Alle Kinder haben die gleichen Rechte. Kein Kind darf benachteiligt werden. Außerdem haben sie das Recht ...
... gesund zu leben, Geborgenheit zu finden und keine Not zu leiden.
... zu lernen und eine Ausbildung zu machen, die ihren Bedürfnissen und Fähigkeiten entspricht.
... zu spielen, sich zu erholen und künstlerisch tätig zu sein.
... bei allen Fragen, die sie betreffen, mitzubestimmen und zu sagen, was sie denken.
... auf Schutz vor Gewalt, Missbrauch und Ausbeutung.
... sich alle Informationen zu beschaffen, die sie brauchen, und ihre eigene Meinung zu verbreiten.
... dass ihr Privatleben und ihre Würde geachtet werden.
... im Krieg und auf der Flucht besonders geschützt zu werden.
... auf besondere Fürsorge und Förderung, damit sie aktiv am Leben teilnehmen können.

die Ausbreitung des Virus einzudämmen. Wo Gesundheitssysteme zusammenbrechen, die zuvor oft schon unzureichend waren. Eine Folge: Die Sterblichkeit vor allem unter Säuglingen und Kleinkindern steigt, weil nicht einmal mehr ein Minimum an medizinischer Versorgung da ist.

DAS DARF NICHT SEIN! Denn ihr seid die Zukunft dieses Planeten – und ihr seid die Erwachsenen von morgen. Die Kinderrechtskonvention ist daher ein unerhört wichtiges Zeichen von Achtung und Verantwortlichkeit der internationalen Staatengemeinschaft. Und sie wirkt, sagt unter anderem Christian Schneider, der deutsche Geschäftsführer des Kinderhilfswerks UNICEF. Tatsächlich habe sich die Art und Weise geändert, wie Kinder wahrgenommen werden. Sie liege nun eher auf Augenhöhe, als das vor 30 Jahren noch der Fall war. Dennoch, weiß Schneider leider auch, bleibt viel zu tun. Vor allem, weil sich – siehe Corona – jederzeit neue, zum Teil nie dagewesene Krisen auftun können.

Die Kinderrechte sind eure Rechte. Macht euch schlau, macht euch stark. Jeder kann etwas dazu beitragen. Auf www.unicef.de/mitmachen/youth findet ihr schon mal zahlreiche Infos und Anregungen.

IM INTERVIEW:
CHRISTIAN SCHNEIDER

MIT KINDERN WIRD DIE WELT FÜR ALLE BESSER

Kinder haben Rechte und nehmen sie viel öfter wahr, als wir manchmal denken, weiß UNICEF-Geschäftsführer Christian Schneider. Wären da nur nicht diese Erwachsenen, die das Engagement der jungen Menschen immer wieder ausbremsen. Dabei geht es um unser aller Zukunft!

WAS IST DAS FÜR EINE WELT, in der Kinder heute aufwachsen? Und wie wird sie einst für deren Kinder aussehen? Die Antwort auf diese Fragen, soweit ich sie aus Sicht von UNICEF heute geben kann, ist ernüchternd: Die Welt ist – in vielerlei Hinsicht und an vielen Orten – nicht für Kinder gemacht: Armut, Ungerechtigkeit, Gewalt und Konflikte, mehr und mehr auch die Auswirkungen von Umweltzerstörung und Klimawandel, all das prägt die Realität von vielen Millionen Jungen und Mädchen.

Auch nach vielen Monaten mit energischen »Fridays for Future« hatte ich nicht den Eindruck, dass in den Köpfen der Entscheidungsträger wirklich angekommen ist, was Kindheit für Kinder heute bedeutet, geschweige denn: wie katastrophal Kindheit schon im nächsten Jahrzehnt aussehen könnte. Über ein zustimmendes Nicken für die demonstrierenden Jugendlichen ging die Reaktion vieler Erwachsenen nicht hinaus.

30 Jahre nach Inkrafttreten der UN-Konvention über die Rechte des Kindes sehe ich deshalb einen klaren Auftrag: Wir müssen die Welt gemeinsam mit Kindern und Jugendlichen zu einem besseren Ort für Kinder machen, damit sie und die Welt an sich eine Zukunft haben. Wir müssen die jungen Leute ernst nehmen, wenn es darum geht, Politik zu machen, mit zu entscheiden, mit zu gestalten.

WIE DAS GELINGEN KANN, zeigt die Agenda 2030 für nachhaltige Entwicklung, auf die sich die Staaten der Welt geeinigt haben. Diese Agenda ist ein »Weltplan« oder eher ein »Bessere-Welt-Plan« mit konkreten Zielen, die alle etwas mit Kindern und Jugendlichen zu tun haben.

Schluss also mit meinem düsteren Blick in die Welt: Fortschritte sind möglich! Und es stimmt ja auch: Viele Kinder führen heute ein besseres Leben als vor

CHRISTIAN SCHNEIDER, **geboren 1966, studierte Ethnologie, Politikwissenschaften und Publizistik in Münster und war als Redakteur für Tageszeitungen tätig. Seit mehr als 20 Jahren arbeitet er für UNICEF Deutschland, seit 2010 ist er Geschäftsführer.**

30 Jahren. Die UN-Konvention über die Rechte des Kindes hat bewiesen, dass mit politischem Willen, gezielten Investitionen und breitem gesellschaftlichen Engagement weltweit das Leben für Kinder verbessert werden kann. Mit der Agenda 2030 und den Kinderrechten haben wir die Wegweiser Richtung Zukunft.

Dass ein Land wie Nepal diesen Wegweisern bereits folgt, habe ich selbst während einer Reise dorthin erfahren. Zu sehen, was möglich ist, wenn Kindern und Jugendlichen Raum gegeben wird, die Dinge selbst in die Hand zu nehmen, ist unfassbar motivierend. Ich habe Jugendliche getroffen, die sich in Clubs organisieren und aus dem Leben ihrer Gemeinden – von der Aufklärung über Krankheiten bis zum Katastrophenschutz – nicht mehr wegzudenken sind. Ich habe Bürgermeister kennengelernt, für die es selbstverständlich ist, jungen Leuten zuzuhören, ihre Vorschläge aufzugreifen, Politik wirklich mit der Jugend zu machen. Und das, wie gesagt, in Nepal, einem der ärmsten Länder in Asien!

MANCHMAL MUSS MAN EBEN bis zum Himalaya reisen, um klarer zu sehen, wo wir in Europa Nachholbedarf haben. Von einer flächendeckenden, ernsthaften Beteiligung unserer Kinder, wie ich sie in Nepal gesehen habe, sind wir jedenfalls so weit entfernt wie vom Recht der 16-Jährigen hierzulande, die nächste Bundesregierung mitzuwählen.

Deshalb brauchen wir mehr: Mehr Engagement für Kinderrechte, mehr Mut, unser Alltagsverhalten zu verändern. Und auf jeden Fall mehr euch junge Menschen, für eure Beteiligung an den Dingen, die uns allen wichtig sind. Weil unsere Gesellschaft dann endlich so jung wird, wie viele Erwachsene es doch immer sein möchten. Und weil die Welt besser wird. Für jedes Kind. Für alle.

WER ENGAGIERT SICH NOCH?

Menschen für mehr Menschlichkeit! Es gibt eine Menge Leute, Institutionen und Organisationen, die wir hier vorstellen müssten. Leider reicht es nur für eine kleine Auswahl. Sie machen sich für bessere Arbeitsbedingungen stark oder für die Einhaltung der Menschenrechte.

WELTWEIT FÜR MENSCHENRECHTE

Es gibt Länder auf der Welt, in denen es gefährlich ist, die eigene Meinung laut zu äußern oder auf Missstände hinzuweisen. Regelmäßig werden dort Menschen verhaftet, gefoltert und schlimmstenfalls sogar getötet, nur weil sie eigene Ansichten haben. Vor allem Journalisten, Umweltschützer, politische Aktivisten verschwinden im Gefängnis – ohne einen fairen Prozess zu bekommen und unter manchmal schweren Haftbedingungen. Für diese Menschen und generell für die Einhaltung der Menschenrechte setzt sich **AMNESTY INTERNATIONAL** weltweit ein, indem die Organisation auf diese Missstände hinweist und öffentlichen Druck erzeugt oder unschuldig Angeklagte vor Gericht unterstützt. Für ihre wichtige Arbeit erhielt Amnesty schon den Friedensnobelpreis!

GERECHTE ARBEIT

Das kennt ihr bestimmt aus den Nachrichten: dass **GEWERKSCHAFTEN** zu Streiks aufrufen, dass sie Demos organisieren und mit Unternehmern und Arbeitgebern um bessere Arbeitsbedingungen und Bezahlung ringen. Aber Gewerkschaften setzen sich nicht nur für Erwachsene ein, sie unterstützen auch Auszubildende und Praktikanten – also vielleicht demnächst mal euch. Zum Teil gibt es sogar eigene Jugendorganisationen wie zum Beispiel die DGB-Jugend. DGB steht für Deutscher Gewerkschaftsbund und was die genau tun – oder wie ihr gar mitmachen könnt – erfahrt ihr auf jugend.dgb.de.

FRAUEN HELFEN FRAUEN

Geflüchtete Frauen werden oftmals gleich doppelt diskriminiert: Einerseits, weil sie Frauen sind, andererseits weil sie aus einem anderen Land kommen und hier Asyl beantragen. Das ist doppelt ungerecht! In Potsdam bei Berlin haben sich Flüchtlingsfrauen daher schon vor vielen Jahren zusammengetan, um etwas dagegen zu unternehmen. Der Verein heißt **WOMEN IN EXILE** und setzt sich ein für eine gerechtere Gesellschaft – ohne Ausgrenzung und Diskriminierung, mit gleichen Rechten für alle Menschen. Egal, woher sie kommen und wohin sie gehen!

MIT WITZ GEGEN VORURTEILE

Schon als Kind zeichnete **RALF KÖNIG**, geboren 1960, Comics und erzählte Geschichten. Mit 19 Jahren outete er sich als schwul – und machte Homosexualität fortan zu einem Kernthema seiner Comics. Für seine Arbeit erhielt er viele Auszeichnungen, zum Beispiel den Max-und-Moritz-Preis als »bester deutscher Comic-Zeichner«. Oft und gern gelesen werden die Bücher auch – längst nicht nur in der Schwulen- oder Lesbenszene. Dadurch haben immer mehr Leute eine homosexuelle Lebensweise akzeptiert. Königs Geschichten wurden verfilmt und in viele Sprachen übersetzt und tragen so auch in anderen Ländern dazu bei, dass Schwule und Lesben dort offener leben können.

MIT FANTASIE UNRECHT ENTLARVEN

Sie entlarven dreckige Geschäfte, die hinter glänzender Werbung stecken, und machen auf fiese politische Machenschaften aufmerksam. Das Ganze aber in kreative, überraschende und manchmal gar lustige Aktionen verpackt. Da werden gefälschte Weihnachtspostkarten verteilt oder fliegen auch mal Torten. **PENG!** nennt sich die bunte Truppe, der unter anderem Künstler, Wissenschaftler und Handwerker angehören. Mit ihren vielfältigen Einsätzen haben sie nicht nur für jede Mange Schlagzeilen gesorgt, der Verein wurde auch schon vielfach mit Preisen ausgezeichnet.

WAS KÖNNT IHR TUN?

Anderen zu helfen kann so einfach sein – man muss dafür gar keiner Organisation angehören, in keinem Verein mitmachen. Hier ein paar Ideen, was ihr tun könnt, um andere Menschen zu unterstützen.

GEMEINSAM SEID IHR STÄRKER!

Wenn ihr lieber gemeinsam als allein handelt, sucht euch einen Verein, wo ihr mitmachen könnt. Es gibt hierzulande viele Organisationen, die für eine gerechtere Welt im Einsatz sind und zum Teil auch Jugendgruppen haben. Schaut einfach mal auf den Internetseiten zum Beispiel von Oxfam, Amnesty International oder Pro Asyl. Wichtig ist, dass ihr ein Thema findet, das euch am Herzen liegt. Und am besten eines, das ebenso eure Freunde und Freundinnen interessiert, denn zusammen geht's am besten!

SPENDEN SAMMELN

Ihr möchtet jemanden mit wenig Geld in der Klasse unterstützen, damit er mit auf Klassenfahrt kann? Oder ihr kennt eine Familie, die sich kaum Spielsachen oder neue Klamotten für ihre Kinder leisten kann? Euer Taschengeld reicht dafür wahrscheinlich nicht aus – und ist ja auch nicht dafür gedacht. Aber ihr könnt euch stattdessen mit anderen zusammentun und Spenden sammeln. Zum Beispiel indem ihr einen Soli-Flohmarkt veranstaltet, wo ihr Sachen verkauft, die ihr nicht mehr braucht. Oder einen Spendenlauf, wo ihr euch Sponsoren sucht, die euch für jede gelaufene Runde einen bestimmten Betrag bezahlen. Wenn ihr dazu sagt, dass ihr den Gewinn spendet, geben die Leute meist gern etwas. Probiert es aus und sprecht eure Eltern oder Lehrer an.

FRAGEN KOSTET NICHTS

Manchmal gibt es ganz in eurer Nähe Menschen, die sich über Hilfe freuen würden. Das kann jemand in eurer Klasse sein, der die Hausaufgaben gar nicht versteht und eure Unterstützung brauchen könnte. Oder die ältere Nachbarin, die Probleme hat, den Einkauf die Treppen hochzuschleppen. Es schadet nichts, einfach mal zu fragen, ob ihr etwas tun könnt – und bringt euch mindestens ein dankbares Lächeln.

MEINUNG BILDEN WILL GEÜBT SEIN

Wenn Jan immer viel zu essen mithat und Louise zu wenig, wäre es da nicht gerecht, das Pausenbrot anders zu verteilen? Muss Jan etwas abgeben? Darf Luise ihm etwas wegnehmen? Muss Luise Jan dafür bei der Mathearbeit abschreiben lassen? Nehmt einmal die Perspektive der einzelnen Beteiligten ein. Wie fühlt sich Jan und wie Louise? Was wäre gerecht? Spannende Frage! Noch spannender: sich über solche Themen zusammen mit anderen Gedanken zu machen. Und wichtig! Denn so übt ihr, euch zu verschiedensten Fragen eine eigene Meinung zu bilden und diese gegenüber anderen vertreten zu können. Nehmt die Perspektive der einzelnen Beteiligten ein. Wie fühlt sich Jan und wie Luise?

ANDEREN AUS DER PATSCHE HELFEN

Wird jemand in der Schule von anderen gemobbt? Dann tut was. Ihr könnt in der Situation sagen, dass das nicht fair ist und aufhören muss. Vielleicht traut ihr euch nicht, weil die anderen größer oder stärker sind. Das ist verständlich und macht nichts. Dann sucht euch Hilfe und sprecht zum Beispiel eine Lehrerin oder einen Lehrer an. Das ist nicht petzen, das ist mutig!

ZUM SCHLUSS

WILLKOMMEN ZURÜCK! Ich hoffe, die Rundreise durch die letzten 170 Seiten war mindestens so spannend und inspirierend, wie ich es eingangs versprochen hatte. Wobei … wenn ihr meiner Empfehlung gefolgt seid, habt ihr das Buch vielleicht gar nicht von vorne nach hinten gelesen. Sondern kreuz. Oder quer. Vielleicht lest ihr das hier gar als erstes? Für diesen Fall würde ich empfehlen: Macht besser am Ende dieses Satzes Schluss und kommt wieder, wenn ihr auch weiter vorn gelesen habt.

Alle anderen haben vermutlich eines festgestellt: Es gibt viel zu tun auf dieser Welt. Und es wird auch viel getan! Doch niemand kann, will oder sollte auch nur denken, er müsse gleich den ganzen Planeten retten. Das tut schließlich auch keiner der Menschen, die ihr in diesem Buch kennengelernt habt. Sie alle arbeiten daran – aber jeder an seinem Ort, mit seinen Mitteln.

DAS IST VIELLEICHT SOGAR mehr wert. Wenn Sebastião Salgado Bäume pflanzt und Boyan Slat die Meere vom Plastikmüll befreit, wenn Sarah Wiener uns beibringt, mit Resten zu kochen – gern fleischlos, regional und saisonal, versteht sich – und wir alle uns vielleicht bald im Repair-Café treffen oder auf der nächsten Freitagsdemo »for Future« – dann kann daraus eine Summe entstehen, die sogar größer ist als ihre Einzelteile. Spätestens, wenn ihr euch einreiht, mitmacht, selbst anfangt.

Gern erst mal im Kleinen: Spart Strom und Papier, geht lieber einmal mehr zu Fuß und schmeißt die Jeans nicht gleich weg, nur weil ein Loch drin ist. Gestaltet eure Schulen grüner, kümmert euch um Mitmenschen, die Hilfe brauchen. Schließt euch mit anderen zusammen. Oder macht sie wenigstens aufmerksam, eure Familien, Freundinnen und Freunde. Denn Salgado hat recht: Ihr, die junge Generation, seid die besten Vorbilder!

UND LASST EUCH NICHT mit irgendwelchen Phrasen abspeisen – vom gern bemühten »Was kann ich denn schon bewegen« zum vermeintlichen Totschlagargument »Das ist doch viel zu teuer«. Spätestens seit die Coronakrise im Frühjahr 2020 die halbe Menschheit in vielen Dingen zum Umdenken und Umlenken zwang, ist klar: Eine Menge wird möglich, wenn es anders nicht mehr geht.

Aber denkt auch an das, was euch Benjamin Adrion, der Ex-Fußballer und Gründer von »Viva con Agua« mit auf den Weg gegeben hat und was sicherlich die meisten der Menschen, von denen ihr hier lesen konntet, sofort unterschreiben würden: Gemeinsam könnt ihr, können wir eine Menge verändern. Und das macht dabei sogar noch eine Menge Spaß.

Also, worauf wartet ihr? Ihr habt es in der Hand!

Martin Verg

IMPRESSUM

Martin Verg (Hrsg.)
Das große Buch für Weltretter
Die Welt verstehen - und verändern
ISBN 978-3-96129-149-6

Edel Kids Books
Ein Verlag der Edel Germany GmbH

www.edel.com
1. Auflage 2020

Projektkoordination: Martin Verg, Sabine Pauli
Textredaktion: Meike Rathgeber, Schirin Shahed
Umschlaggestaltung: Drangsal.Services Markus Drangsal / Antje Warnecke, nordendesign.de
Grafisches Konzept, Layout, Satz: affaire populaire | Bianca Domula / 31Media GmbH | Stephan Strauß
Coverbild: Copyright © Shutterstock.com / istock
Herstellung: Frank Jansen
Druck und Bindung: optimal media GmbH, Röbel/Müritz

Printed in Germany

FSC www.fsc.org
MIX
Papier aus verantwortungsvollen Quellen
FSC® C108521

BILDNACHWEISE

sämtliche nicht redaktionelle Fotos und Illustrationen unter Lizenz von Shutterstock.com verwendet

redaktionelle Fotos:

Seite 8 (G. Thunberg): Antonello Marangi/Shutterstock.com; Seite 15 (A. Gerst): ESA; Seite 17 oben: FooTToo / Positiv Berlin/Shutterstock.com; Seite 18 (G. Thunberg): Per Grunditz/ Shutterstock.com; Seite 21: (F. Wessel): privat; Seite 23 (oben links): Commerzbank; (oben rechts): Janine Escher; Seite 26 (M. Latif): © Jan Steffen, GEOMAR Helmholtz-Zentrum für Ozeanforschung Kiel; (D. Attenborough): lev radin/Shutterstock.com; Seite 27 (L. DiCaprio): taniavolobueva/Shutterstock.com;

Seite 37 (V. Quaschning): Janine Escher; Seite 39: UfU e.V. und Solare Zukunft e.V.; Seite 37 (E. Mayer): Michelle Schoenbein; (Earthship): Laura Davies/David Buchanan; Seite 43 (T. Santarius): privat; Seite 46 (C. Kemfert): Christian Grundmann-Kemfert;

Seite 62-67 (Salgado): Christian Ender; Seite 71 (R. Habeck): privat; Seite 72 (O. Ramsey): @juansharks;

Seite 83 (M.Häusling): Johannes Arlt/laif; Seite 90, 91, 93: Sarah Wiener Stiftung; Seite 95 (A. Paluch): privat; Seite 96 (B. Adrion): Stefan Groenveld für Viva con Agua; (Mädchen mit Wasser): Melanie Haas für Viva con Agua; Seite 98 (2 Mädchen mit Wasser): Lea May für Viva con Agua; (B. Adrion): Noah Felk für Viva con Agua; Seite 99 (Mann mit Wasser): Chris Schwarz für Viva con Agua; (oben rechts): Papa Shabani für Viva con Agua; Seite 100 (Wir haben es satt!): hanohiki/ Shutterstock.com;

Seite 113 (Shia Su): Wasteland Rebel; Seite 116 (B.Slat): ©The Ocean Cleanup; Seite 118, 120, 121 (L. Brummer): BILD der FRAU/Marion Vogel; Seite 125 (M. Hansch): Pacific Garbage Screening; (R. Hartono): ichsan anshari/Shutterstock.com;

Seite 134 (H.Strößenreuther oben): Heinrich Strößenreuther; (H.Strößenreuther mit Fahrrad unten): Norbert Michalke/Volksentscheid Fahrrad; Seite 136, 137 (Volksentscheid Fahrrad): Norbert Michalke/Volksentscheid Fahrrad; Seite 139 (T. Krell links): Tobias Krell, (T. Krell rechts): Johannes Obermaier;

Seite 156 (C. Rackete): Lennart Diesen; Seite 158 (C. Rackete): Till M Egen; (Boot): Gene Isenko/ Shutterstock.com; Seite 159 (C. Rackete): Ruben Neugebauer; Seite 161 (A. Krüger links): Jan Ehlers; (A. Krüger rechts): Christoph Fugel; Seite 163 (Bruder Michael Wies): Tina Trippens; Seite 167 (C. Schneider links): Shrestha; (C. Schneider rechts): Ellie Kealey

QUELLENVERZEICHNIS

Seite 34/35:
(Grafik links): Bundesministerium für Wirtschaft und Energie, www.bmwi.de
(Grafik Mitte / rechts): Umweltbundesamt, www.umweltbundesamt.de

Seite 54/55:
(Grafik links): Statistisches Bundesamt, www.destatis.de
(Grafik rechts): Weizmann Institute of Science, Israel, zitiert nach https://albert-schweitzer-stiftung.de

Seite 80/81:
Vereinigung deutscher Gewässerschutz e.V., www.virtuelles-wasser.de

Seite 108/109: Plastikatlas 2019, Heinrich-Böll-Stiftung und BUND
Greenpeace, www.greenpeace.de

S. 132/133:
Mobilitätsatlas 2019 / UBA, Heinrich-Böll-Stiftung

PARTNER

Naturpark Nossentiner/Schwinzer Heide

www.optimal-media.com/naturschutzprojekt-001

Edel Kids Books unterstützt bei der Produktion dieses Buches das Projekt »Junge Riesen für die nächsten 100 Jahre« in der Nossentiner/Schwinzer Heide. Damit wird ein Anteil der unvermeidbaren CO_2 Emissionen im direkten Umfeld des Produktionsstandortes kompensiert.

Partner des Naturparks Nossentiner / Schwinzer Heide